Oluwatoyin Pierre Toundoh

Susceptibilité des sols à l'érosion hydrique

Oluwatoyin Pierre Toundoh

Susceptibilité des sols à l'érosion hydrique

Application au bassin versant transfrontalier de la Yéwa (Bénin-Nigéria)

Presses Académiques Francophones

Imprint
Any brand names and product names mentioned in this book are subject to trademark, brand or patent protection and are trademarks or registered trademarks of their respective holders. The use of brand names, product names, common names, trade names, product descriptions etc. even without a particular marking in this work is in no way to be construed to mean that such names may be regarded as unrestricted in respect of trademark and brand protection legislation and could thus be used by anyone.

Cover image: www.ingimage.com

Publisher:
Presses Académiques Francophones
is a trademark of
International Book Market Service Ltd., member of OmniScriptum Publishing Group
17 Meldrum Street, Beau Bassin 71504, Mauritius

Printed at: see last page
ISBN: 978-3-8416-3338-5

Copyright © Oluwatoyin Pierre Toundoh
Copyright © 2015 International Book Market Service Ltd., member of OmniScriptum Publishing Group
All rights reserved. Beau Bassin 2015

SOMMAIRE

SOMMAIRE i
DEDICACE ii
REMERCIEMENTS iii
SIGLES ET ABREVIATIONS iv
RESUME v
ABSTRACT v
INTRODUCTION 1
CHAPITRE I : CADRE THEORIQUE DE L'ETUDE 4
1-1 Problématique 4
1-2 Questions de recherche 8
1-3 Objectifs de l'étude 8
1-4 Clarification des concepts 8
1-5 Revue de littérature 13
CHAPITRE II : PRESENTATION DE LA ZONE D'ETUDE 18
2-1 Situation géographique 18
2-2 Cadre physique 20
2-3 Traits socio-économiques 32
CHAPITRE III : DEMARCHE METHODOLOGIQUE 39
3-1 Matériel 39
3-2 Méthodes 43
CHAPITRE IV : RESULTATS ET DISCUSSION 61
4-1 Analyse hydro-géo-morphométrique du bassin de la Yéwa 61
4-2 Modélisation de l'érosion hydrique au moyen du modèle SIMWE 84
4-3 Répartition de l'érosion par unité d'occupation 105
4-4 Discussion 110
CONCLUSION 111
REFERENCES BIBLIOGRAPHIQUES 113
LISTE DES TABLEAUX 126
LISTE DES FIGURES 126
ANNEXES 128
TABLES DES MATIERES 135

A mon feu père Casimir TOUNDOH et à ma mère Elise Akoko HACHEME pour votre soutien et vos multiples sacrifices, merci.

A mes frères et sœurs Cadnel, Paul, Lionnelle et Oume pour leur soutien et encouragement, merci.

A mes Amours, Aylan et Cornelly, ce travail est le fruit de leur patience et de leur sacrifice. Leur présence est mon bonheur le plus précieux.

A toute la famille AHOUISSOUSSI. Merci pour tout

REMERCIEMENTS

Le travail de recherche a été mené à son terme grâce à l'appui et aux encouragements de maintes personnes. Qu'il me soit permis ici de leur exprimer nos remerciements. J'adresse mes sincères remerciements :

- A mon superviseur Dr Gildas Jr. BOKO. Il a fait preuve à mon égard d'une grande disponibilité et m'a donné de précieux conseils et orientations scientifiques pour améliorer la qualité de cette thèse de Master. J'ai beaucoup appris à travers notre collaboration. Infiniment merci
- A mon co-superviseur M. B. Fulbert AGBO pour avoir accepté de diriger ce travail malgré ses occupations. Merci pour l'encadrement et les nombreuses incitations au travail.
- A tous les enseignants du RECTAS qui ont partagé avec moi leurs remarques au cours des présentations et des différents échanges qu'ils m'ont accordé ; je veux citer Dr OLOUKOI Joseph, Dr Mouhamadou Inoussa TOKO, Dr Raphael Olaniyi OYINLOYE, M. Coovi Aimé Bernadin TOHOZIN, M. Bendu Johnson DODE, M. Hubert YADJEMI, M. Ghislain ADIMOU, M. Mor Awa DIENG et M. Momodou SOUMAH…
- A l'Etat béninois à travers l'Institut Géographique National (IGN-Bénin) pour m'avoir accordé cette bourse d'étude de même que toutes les autorités et personnel du RECTAS.
- Au Dr Eric Alain TCHIBOZO, pour vos multiples conseils et assistance pendant les travaux de terrain, recevez ici mes sincères remerciements.
- Au Dr Olusegun ADEAGA de l'Université de Lagos (UNILAG), pour les données et explications qu'il m'a fournies
- A mes camarades de promotion ainsi que tous ceux qui ont contribué à l'amélioration de la qualité scientifique de ce travail. Un vif remerciement à Salomon CHABI ADIMI, Sambou Hamidou SISSOKO et Laurent KAMBERAIN.
- A toutes les communautés, béninoise, burkinabé, ivoirienne, malienne, sénégalaise et nigériane.
- Aux responsables, cadres et agents de la Direction Générale de l'Eau (DG-Eau) et des laboratoires visités.

Enfin, j'exprime de tout cœur ma reconnaissance aux parents et amis qui, par leur soutien moral, financier et spirituel, m'ont encouragé dans les moments les plus durs de cette formation.

SIGLES ET ABREVIATIONS

AMMA : Analyses Multidisciplinaires de la Mousson Africaine

ASECNA : Agence pour la Sécurité de la Navigation Aérienne en Afrique et Madagascar

CNUED : Conférence des Nations Unies sur l'Environnement et le Développement

DG - Eau : Direction Générale de l'Eau

FAO : Food and Agriculture Organisation of the United Nations

FAST : Faculté des Sciences et Techniques

FLASH : Faculté des Lettres, Arts et Sciences Humaines

GPS : Global Positioning System

INSAE : Institut National de la Statistique et de l'Analyse Economique

LSHE : Laboratoire de Sédimentologie, Hydrologie et Environnement

LSSEE : Laboratoire des Sciences du Sol, Eaux et Environnement

MNT : Modèle Numérique de Terrain

NASA : National Aeronautic and Space Administration

NGSA : Nigerian Geological Survey Agency

NIMET : NIgeria METerological agency

NOAA : National Oceanic and Atmospheric Administration

NPC : National Population Commission

NW-SE : Nord Ouest - Sud Est

OLI - TIRS : Operational Land Imager - Thermal InfraRed Sensor

OSGOF : Office of Surveyor General Of Fédération

The REMO model : The REgional climate MOdelling

RGPH : Recensement Général de la Population et de l'Habitation

RUSLE : Revised Universal Soil Loss Equation

SIG : Système d'Information Géographique

SRTM : Shuttle Radar Topography Mission

UAC : Université d'Abomey-Calavi

UNILAG : UNIversity of LAGos

USDA : United States Department of Agriculture

USLE : Universal Soil Loss Equation

USGS : United States Geological Survey

SIMWE : SIMulated Water Erosion

WEPP : Water Erosion Prediction Project

RESUME

L'érosion est un problème mondial majeur car elle affecte l'environnement, la productivité agronomique, la sécurité alimentaire, et la qualité de la vie. Elle est fonction des rapports entre la capacité érosive de la pluie, le ruissellement, la susceptibilité du sol à être érodé et les facteurs anthropiques. Le présent travail vise à mettre en lumière la susceptibilité à l'érosion du bassin versant de la Yéwa en utilisant un modèle de simulation physique. Le modèle physique SIMWE (SIMulated Water Erosion) prend en compte huit paramètres déterminants dans les processus d'érosion et de dépôt, dont : un modèle numérique de terrain, un gradient directionnel de débit, taux de précipitation excédentaire, le coefficient de rugosité de Manning, la profondeur de ruissellement, l'érodibilité des sols, le coefficient de capacité de transport et la contrainte de cisaillement critique. Ces facteurs ont été extraits des données climatiques, pédologiques, topographiques et de couverture du sol.

Le résultat de la modélisation, montre que 51,53% (2944,69 km^2) de la superficie du bassin versant ont une sensibilité faible à modérée à l'érosion pour 4,61 % de sensibilité sévère à très sévère (275,12 km^2). Quant au dépôt, 18,85% (1088,39 km^2) de la superficie du bassin révèle un dépôt faible à modéré pour 4,37 % (261,50 km^2) de dépôt élevé à très élevé avec un bilan négatif d'environ 241718,16 t/ha/an. Cette étude a permis de faire un état des lieux de l'aléa érosion sur le bassin. Il pourrait aussi constituer le point de départ à la mise en œuvre d'une gestion coordonnée des actions de lutte contre l'érosion des sols et aider à la compréhension des dynamiques actuelles du bassin versant.

Mots clés : Yéwa, érosion hydrique, SIMWE, Bénin, Nigéria.

ABSTRACT

Erosion is a major global problem because it affects the environment, agricultural productivity, food security, and quality of life. It is a function of the relationship between the erosive capacity of the rain, runoff, the susceptibility of the soil to be eroded and anthropogenic factors. The aim of this work is the susceptibility to erosion of Yewa basin using physical simulation model. The physical model SIMWE (SIMulated Water Erosion) considers eight key parameters in the process of erosion and deposition which includes: the elevation, a flow gradient vector, a rainfall excess rate, a surface roughness coefficient given by Manning's, overland flow water depth, the erodibility, the transport capacity coefficient and the critical shear stress. These factors were extracted from climate data, soil data, topographic data and the land cover.

The result of the modeling, shows that 51.53% (2,944.69 km^2) of the basin area has low to moderate sensitivity to erosion while 4.61% severe to very severe sensitivity (275.12 km^2). As for the deposit, 18.85% (1,088.39 km^2) of the basin area shows a low to moderate deposit while 4.37% (261.50 km^2) of high to very high deposit with a negative balance of about 241,718.16 t / ha / year. This study enabled an inventory of erosion hazard on the basin. It could also be the starting point for the implementation of a coordinated management of actions against soil erosion and help in understanding the current dynamics of the basin.

Keywords: Yewa, water erosion, SIMWE, Benin, Nigeria.

INTRODUCTION

L'environnement continental est constitué de composantes essentielles (l'air, le sol, la végétation et l'eau) qui sont en interactions complexes et continuelles. Parmi ces interactions, il y a les relations entre les précipitations, l'infiltration et l'écoulement de surface et le relief (Singh, 1995).

L'étude des écosystèmes ne doit pas se restreindre à la seule description de la variabilité spatiale de ses caractéristiques pérennes (lithologie) et semi-permanentes (sols et végétation). Elle doit s'intéresser au comportement et au fonctionnement de leurs composantes végétale, pédologique et topographique, en particulier quand celles-ci sont soumises à des agressions extérieures naturelles et/ou anthropiques (GreenFacts, 2005). Le relief constitue l'assiette de toute activité sur la terre. Plus la pente est forte, plus faible sera l'infiltration et important sera le ruissellement. Aussi une longue pente produit plus de ruissellement qu'une pente de même inclinaison et plus courte. Plus le ruissellement est fort, plus l'érosion est importante. L'érosion peut être un processus lent et insoupçonné, ou encore prendre des proportions alarmantes, entraînant une perte énorme du sol arable (El Garouani, 2000).

L'érosion est un problème mondial majeur au cours du XXème siècle et reste d'une grande importance dans le XXIème siècle car il affecte l'environnement, la productivité agronomique, la sécurité alimentaire, et la qualité de la vie (Eswaran et *al.*, 2001). Elle désigne la perte de substance que subit une portion de la surface terrestre. Dans les régions tropicales l'érosion hydrique est l'un des phénomènes majeurs à l'origine de la dégradation des sols et de la baisse de la productivité des terres cultivables (Roose, 1977). Elle est un processus lent et insoupçonné, qui peut prendre des proportions alarmantes, entraînant une perte énorme du sol arable. La susceptibilité du sol à s'éroder est liée à sa granulométrie, à son taux de matière organique, à sa perméabilité et à sa structure. Lorsque le sol est imperméable, compte tenu des autres facteurs le ruissellement de surface suit immédiatement la pluie (Demangeot, 1996). Le ruissellement est mesuré par les débits dont la connaissance est intéressante pour la prévision des crues, la protection contre les inondations et l'érosion, la conception des ouvrages hydrauliques, etc. En conséquence, la problématique de l'érosion hydrique mobilise la communauté scientifique pour la recherche de solutions susceptibles d'assurer la conservation des sols. Les études sur l'érosion hydrique en Afrique intertropicale suivent, depuis une trentaine d'années, deux trajectoires différentes dans ses méthodes et ses échelles de mesures ce qui modifie la nature et la portée des résultats obtenus (Collinet, 1988). Une quantification de l'érosion fait appel à de nombreuses méthodes mises au point à travers le monde et qui varient en fonction des objectifs, des moyens et des échelles de travail. Il ressort que les phénomènes d'érosion sont le résultat d'interactions complexes variables dans le temps et l'espace. Dans une optique d'évaluation des risques ou d'établissement de schémas d'aménagement pour la conservation des sols, le recours à la modélisation peut constituer un outil d'aide à la décision.

Il existe plusieurs types de modèle pour la quantification ou la simulation de l'érosion. Les modèles d'érosion peuvent être classés en fonction de leur approche, à la description de taux et aux processus de perte : les modèles empiriques, conceptuels, basés sur la physique et stochastique (Pregnolato et D'Amico, 2011). Dans le présent travail, on fait appel à un SIG pour quantifier l'érosion et le dépôt de sédiment dans un bassin transfrontalier de la Yéwa en utilisant le modèle physique SIMWE.

Le Bénin comporte des bassins versants transfrontaliers. Il s'agit notamment du bassin versant du Mono à cheval sur le Nigeria et le Togo, le fleuve Niger partagé par le Bénin, le Niger et le Nigéria (comme pays limitrophes du Bénin), le bassin de la Yéwa à cheval sur le Bénin et le Nigéria et de la Pendjari (Davakan, 2013). Tous ces bassins subissent d'une manière ou d'une autre les évènements d'aléas naturels et d'attaques anthropiques qui modifient profondément leurs modelés et menacent les systèmes qu'ils abritent. Cette étude apporte une documentation et une information technique et détaillée sur le modèle SIMWE, sur le bassin versant transfrontalier de la Yéwa et également sur tout le processus de détachement, de transport et de sédimentation.

C'est dans ce cadre que s'inscrit le thème: « Susceptibilité des sols à l'érosion hydrique dans le bassin versant de la Yéwa ». Elle s'articule en quatre (4) chapitres :

- le premier chapitre présente le cadre théorique de l'étude ;
- le deuxième chapitre présente le cadre d'étude dans ses composantes essentielles pour la présente étude ;
- le troisième chapitre aborde la démarche méthodologique ;
- le quatrième chapitre porte sur les résultats et la discussion.

CHAPITRE I :
CADRE THEORIQUE DE L'ETUDE

CHAPITRE I : CADRE THEORIQUE DE L'ETUDE

Ce chapitre présente la problématique, la revue de littérature, les objectifs et questions de recherche de l'étude et la clarification des concepts utilisés dans la modélisation de l'érosion hydrique.

1-1 Problématique

L'évolution du relief évoque un long affrontement entre la croûte terrestre et l'eau. Dès leur formation par les contraintes tectoniques, les formes de relief créées sont lentement érodées essentiellement par le vent et l'eau. Le processus d'érosion hydrique reste le plus courant et ses conséquences sont les plus visibles à une échelle humaine (Simonneaux, 2012). L'érosion, phénomène naturel, est artificiellement accélérée, entraînant entre autres conséquences une perte de fertilité des sols arables, des perturbations du régime hydrique des cours d'eau et une aggravation des phénomènes d'inondations. L'érosion hydrique dépend de la présence simultanée de plusieurs facteurs qui sont la topographie, le type de sol, le type de formation rocheuse, la couverture végétale, l'agressivité climatique et l'action anthropique (Ouattara, 2002).

Chaque année l'érosion rend improductifs 20 millions d'hectares dans le monde (Grouzis, 2012). En Amérique, l'érosion du sol demeure un problème de taille pour l'agriculture, car elle entraîne des pertes et dégrade la productivité naturelle du sol (Wall et *al.*, 2002). On observe donc des répercussions sur le cycle des sédiments, des nutriments et sur celui de l'eau, à l'échelle d'un bassin. L'érosion du sol par l'eau détériore la qualité du sol et peut lourdement affecter le rendement agricole, surtout dans les systèmes ruraux inadaptés. Elle est aggravée par les activités anthropiques. En Europe, elle est un problème très répandu (Van Rompaey et *al.*, 2003). 12% des sols sont menacés par l'érosion hydrique, et 4% par l'érosion éolienne. L'eau constitue un agent dynamique de transformation des paysages et d'évolution du relief (Sindlaloum, 2006). En Afrique encore plus, l'érosion hydrique constitue l'un des principaux facteurs de la dégradation des terres et des problèmes environnementaux. La dégradation persistante des sols, ainsi que le déclin de leur fertilité hypothèquent la sécurité alimentaire et aggravent la pauvreté. Elle a des retombées socio-économiques à l'échelle locale, régionale et nationale. (Moukhchane, 2002).

En Afrique de l'Ouest, l'aménagement et la mise en valeur agricole des terres constituent un objectif majeur pour le développement des régions. Mais cet objectif ne peut être atteint sans une bonne connaissance des paramètres du milieu, et particulièrement des ressources en terre et en eau (Collinet, 1988). Au Bénin et au Nigéria, l'érosion des sols touche plusieurs régions et plus particulièrement les parcelles agricoles. Les parcelles agricoles sont en proie à une dégradation importante. Cette dernière est fonction des rapports entre la capacité érosive de la pluie, du ruissellement, de la susceptibilité du sol à être érodé et aux activités humaines (Domingo, 1996 ; Karthala, 1997 ; FAO, 2005 ; Amoussou, 2010). Cet état de fait a des conséquences néfastes sur l'environnement pris dans son sens le plus large. Parmi celles-ci, on peut citer: la baisse de fertilité des sols, la sédimentation des cours d'eau, des barrages et des digues, la dégradation des zones de frayère (principalement les mangroves) de la faune aquatique, l'accentuation de la précarité socio-économique de la population à forte majorité rurale et l'exode rural (Délusca, 1998). On aboutit inéluctablement à la perturbation des écosystèmes qui appellent donc à la recherche d'un mode de gestion rationnelle des ressources naturelles. De plus au Bénin comme au Nigéria, les cours d'eau sont particulièrement attractifs pour les populations du fait de la diversité des activités économiques qu'ils permettent. Le bassin de la Yéwa (à cheval sur le Bénin et le Nigeria) n'échappe pas à cette dynamique. Le bassin versant de la Yéwa a une économie essentiellement rurale avec plus de 80% de la population agriculteur (Adéaga, 2005). Avec l'expansion agricole et les pratiques culturales, couplé à la perte du couvert végétal et au climat, le bassin est susceptible au processus d'ablation et accumulation de sédiment. Ce bassin est confronté aux risques de ruissellement et d'érosion dus au comportement hydrologique du sol et en particulier à la capacité d'infiltration qui dépend des états de surface et des types de sols. L'érosion est le type le plus répandu de dégradation des sols dans le bassin et a été reconnu comme étant un important problème. Le processus de dégradation des sols comprennent la perte de la couche arable par l'action de l'eau, la détérioration chimique, la dégradation physique, la détérioration biologique des ressources naturelles, y compris le réduction de la biodiversité du sol (Stamp, 1938 ; Ologe 1988 ; Lal, 2001 ; Junge et *al.*, 2008).

Les caractéristiques physiographiques d'un bassin influent fortement sur sa réponse hydrologique, et notamment le régime des écoulements en période de crue ou d'étiage. Le temps de concentration est influencé par diverses caractéristiques morphologiques : en premier lieu, la taille du bassin (sa surface), sa forme, son élévation, sa pente et son orientation… (Devillers, 2004). A ces facteurs s'ajoutent encore le type de sol, le couvert végétal et les caractéristiques du réseau hydrographique. Ces facteurs, d'ordre purement géométrique ou physique, se lisent aisément à partir de cartes adéquates ou en recourant à des techniques digitales et / ou à des modèles informatiques (Douvinet et *al.*, 2008).

Il paraît donc nécessaire d'utiliser la télédétection et le Système d'Information Géographique pour analyser la susceptibilité des sols à l'érosion hydrique dans bassin versant de la Yéwa afin de prendre des mesures adéquates. S'il est possible de réduire considérablement l'érosion hydrique par le biais de techniques adaptées, comme l'implantation de bande enherbée ou d'autres mesures de conservation et de prévention comme les cultures suivant les isohypses, ou les digues de protection, il est d'abord nécessaire de cibler les secteurs de forte érosion nécessitant une intervention prioritaire (Boko, 2009). L'érosion hydrique est responsable d'une réduction importante des rendements et d'une baisse irréversible du capital-sols à l'échelle mondiale. Elle consiste en une dissociation (chimique ou physique) du matériel rocheux ou terreux, ensuite en un transport et dépôt des débris arrachés (Demangeot, 1996). La quantification de l'érosion peut se faire soit par mesures directes ou par évaluations indirectes. Parmi les mesures indirectes, figurent la modélisation, la télédétection et les SIG ensuite l'utilisation des radio-isotopes (Depraetere et Batti, 2007). La modélisation a pour objectifs d'une part, de tester la compréhension des processus intervenant dans la dégradation des sols par l'érosion et d'autre part, prévoir les risques futurs sous des conditions variables. Dans une optique d'évaluation des risques ou d'établissement de schémas d'aménagement pour la conservation des sols, le recours à la modélisation peut constituer un outil d'aide à la décision. La présente étude vise à faire une simulation de l'érosion hydrique au moyen du modèle SIMulated Water Erosion (SIMWE), développé par Mitasova et Mitas (1988). Le modèle physique semi-distribué SIMWE est basé sur une description de l'écoulement de l'eau et du transport de sédiment.

L'application de ce modèle nécessite l'utilisation de techniques d'acquisitions et d'intégration de données spatiales et ponctuelles, d'où celles de la télédétection et les SIG. L'analyse du Modèle Numérique de Terrain par extraction des paramètres morphométriques et hydrologiques permet de générer des couches d'information (Dehni et *al.*, 2013). Le MNT renseigne sur la forme et les caractéristiques du relief qui est un facteur majeur du développement du paysage tandis que les mesures de télédétection permettent d'accéder, entre autres, à l'information sur l'occupation du sol. Enfin l'intégration des fonctionnalités SIG pourra permettre l'échange d'accès pour le développement des applications permettant l'extraction des paramètres à la fois morphologiques et hydrologiques. L'utilisation de ces techniques permettra ainsi de répondre aux exigences de la prévention contre les risques d'érosion (Bentekhici,

2006). L'utilisation du modèle SIMWE offrira donc une opportunité d'intégration des paramètres hydro-géo-morphométriques et une spatialisation des différents facteurs et résultats qui en seront déduits.

Il ressort de tout ce qui précède qu'il existe très peu d'études faites de façon spécifique sur le bassin de la Yéwa. Idem pour le modèle physique SIMWE qui est d'ailleurs l'un des modèles à base physique de simulation de l'érosion hydrique le moins appliqué à cause de sa complexité.

1-2 Questions de recherche

La présente recherche vise à apporter des réponses aux questions suivantes :

- ✓ Quelles sont les valeurs des indicateurs hydro-géo-morphométriques dans le secteur d'étude ?
- ✓ Quelle est la répartition spatiale de l'aléa érosif dans le bassin versant de la Yéwa?
- ✓ Quelles sont les unités d'occupation du sol les plus affectées par les processus d'ablation et d'accumulation ?

1-3 Objectifs de l'étude

Objectif général

L'objectif général de cette recherche est d'étudier la susceptibilité des sols aux phénomènes d'érosion hydrique dans le bassin de la Yéwa.

Objectifs spécifiques

Plus spécifiquement, ce travail vise à :

- ✓ faire une estimation des indicateurs hydro-géo-morphométriques du bassin ;
- ✓ évaluer les risques d'érosion dans le bassin en utilisant le modèle SIMWE ;
- ✓ identifier les unités d'occupation du sol les plus exposées à l'érosion hydrique.

1-4 Clarification des concepts

Pour une bonne compréhension de la présente étude, les concepts ci-après tirés de la revue de littérature sont définis. Il s'agit de :

1-4-1 Erosion

Etymologiquement, le terme érosion vient du verbe latin "ERODERE" qui signifie "ronger". En géomorphologie, l'érosion est le processus de dégradation et de transformation du relief, et donc des roches, qui est causé par tout agent externe (donc autre que la tectonique) (Derruau, 1988). L'érosion regroupe l'ensemble des processus qui conduisent à une usure de la surface terrestre et au façonnement des formes de relief sous l'action des agents météoriques (météorisation) et de transport (morphogenèse) (Coque, 1993). Elle représente l'ensemble des phénomènes qui contribuent, sous l'action d'un agent érosif (notamment l'eau) à modifier les formes de relief. D'un point de vue général, l'érosion peut être définie comme un phénomène de détachement et de transport de matières solides (en vrac) de la surface de la terre, tirée par les agents atmosphériques et environnementales, telles que le vent, les précipitations et les eaux de ruissellement, ainsi que le mouvement de la mer et les cours d'eau (Riser, 1999).

L'érosion hydrique résulte de l'interaction du climat (pluie, températures, ...), les propriétés du sol (matière organique, stabilité structurale, capacité d'infiltration,...), le relief (longueur et gradient de pente), les pratiques culturales (travail du sol) et le couvert végétal (FAO, 1994). Elle découle de divers processus que sont le détachement, le transport et le dépôt ou la sédimentation. Le détachement des particules se produit à la surface du sol lorsque, sous l'action des gouttes de pluie, des agrégats s'éclaboussent ou lorsque la force de cisaillement du ruissellement devient supérieure à la résistance au détachement du sol. L'érosion hydrique est un processus qui emporte et redistribue le sol. Bien qu'une certaine érosion se produise graduellement, le phénomène est surtout imputable aux événements météorologiques extrêmes (une forte pluie). L'érosion hydrique emporte la couche arable du sol, la plus propice au soutien de la vie microbienne et végétale (transport). Les matériaux enlevés peuvent se redéposer un peu plus loin sans grandes conséquences apparentes pour l'environnement (dépôt et sédimentation) (Juglea, 2011). La modification spatiale et temporelle de cette interaction peut induire une amplification de l'érosion (Demangeot, 2000 cité par Georges, 2008)..

Gosselin (1986) cité par Ouattara (2002) définit trois principaux types (formes) d'érosion hydrique. On distingue :

L'érosion en nappe (*sheet erosion*) ou érosion diffuse

L'érosion en nappe résulte de la dispersion des agrégats par les gouttes de pluie et du mouvement de l'eau en une mince lame à la surface du sol ; elle se produit sur des pentes généralement faibles et agit sur les sols pauvres en humus. Il est lié à trois phénomènes :
- Le détachement des particules de terre causé par le choc de gouttes des pluies (effet splash).
- Le ruissellement lorsque l'intensité devient supérieure à la vitesse d'infiltration. - Le martèlement des pluies (splash) détache les particules et les maintient en suspension par turbulence.

Cette forme d'érosion est caractéristique des sommets de bassin versant. L'érosion en nappe a un effet érosif maximal au sommet des versants ou à l'aval d'un obstacle. Au bas des versants, au contraire, il s'agit d'accumulation.

L'érosion en rigoles ou linéaire *(rill erosion)*
Une rigole est une dépression suffisamment petite pour pouvoir être supprimée par les activités culturales. L'érosion en rigoles résulte de la concentration du ruissellement, en petits canaux assez bien définis. Elle se manifeste principalement sur les sols récemment cultivés et sur les terrains déboisés ; l'eau de ruissellement se concentre dans les petites dépressions du terrain causées par les raies de labour et les sillons.

L'érosion par ravinement *(gully erosion)*
La ravine est une rigole approfondie où se concentrent les filets d'eau. L'érosion en ravins se produit à mesure que le ruissellement en nappe ou en rigoles s'intensifie, que l'écoulement se concentre de plus en plus dans les chenaux d'évacuation.
Une évolution de l'érosion en rigoles peut conduire à l'érosion par ravinement. Les rigoles sont appelés ravins lorsqu'ils s'étendent au point de ne pouvoir être comblés par les opérations normales de travail du sol, ou lorsqu'ils deviennent nuisibles au travail du sol.
En effet, le ruissellement, causant la formation ou l'élargissement de ravins est habituellement le résultat de la mauvaise conception des exutoires des systèmes de drainage de surface et souterrain.

1-4-2 Notion de "Bassin Versant"

Le bassin-versant est la surface réceptrice des eaux qui alimentent une nappe souterraine, un lac, une rivière ou un réseau complexe; on le définit par sa morphométrie, ses caractères climatiques, sa géologie, sa végétation, ses sols (Loup, 1974).

En hydrologie, le terme bassin versant (ou bassin hydrographique) désigne le territoire sur lequel toutes les eaux de surface s'écoulent vers un même point appelé exutoire du bassin versant (Banton et Bangoy, 1997). Ce territoire est délimité physiquement par la ligne suivant la crête des montagnes, des collines et des hauteurs du territoire, appelée ligne des crêtes ou ligne de partage des eaux. L'homologue souterrain du bassin versant est appelé bassin versant souterrain. Sur un bassin versant : l'occupation du sol, les activités humaines et les aménagements conditionnement les chemins de l'eau et donc sa qualité à l'exutoire ; les actions en amont se répercutent en aval ; la multiplication de petites perturbations entraîne de grandes dégradations sur l'ensemble du bassin.

Selon Amoussou (2010), tous les éléments qui déterminent l'hydrodynamique d'un bassin, influencent l'infiltration, le ruissellement et l'écoulement, et les modifications affectant les états de surface, qu'elles soient d'origine anthropique ou naturelle. Ils ont une influence plus ou moins directe sur les relations existant entre précipitations et écoulements, et écoulements et matières en suspension. Le bassin versant de la Yéwa avec une superficie de 5752 km², est un bassin topographique de petite taille, mais au fonctionnement morphodynamique complexe.

Entre le moment où il pleut et celui où l'eau arrive à l'exutoire, toute une série de phénomènes vont intervenir sur le trajet de l'eau : interception par la végétation, ruissellement en surface, infiltration, écoulement dans le sol… (Khuat Duy, 2011)

- Interception

Lors d'un événement pluvieux, une partie des précipitations est interceptée par la couverture naturelle ou artificielle. La quantité d'eau accumulée dans cette couverture dépend du type (forme, texture) et de la densité de végétation, ainsi que de l'intensité et de la durée de la pluie. Une partie de l'eau interceptée par la couverture va rejoindre le sol (écoulement le long des plantes et troncs, égouttage des feuilles…), tandis que le reste finit par retourner dans l'atmosphère par évaporation.

La pluie tombant sur la végétation peut être séparée en plusieurs composantes : la pluie brute, le stockage de l'eau interceptée, la pluie au sol, le ruissellement le long des troncs ; la pluie nette (net précipitation), qui regroupe l'ensemble de l'eau qui atteint le sol (Khuat Duy, 2011).

- Ruissellement

Après interception éventuelle par la végétation, il y a partage de la pluie disponible au niveau de la surface du sol :
- en eau qui s'infiltre et qui contribue, par un écoulement plus lent à travers les couches de sol, à la recharge de la nappe et au débit de base,
- et en ruissellement de surface dès que l'intensité des pluies dépasse la capacité d'infiltration du sol (elle-même variable, entre autre selon l'humidité du sol). Cet écoulement de surface, où l'excès d'eau s'écoule par gravité le long des pentes, forme l'essentiel de l'écoulement rapide de crue. Il est constitué par la frange d'eau

qui, après une averse, s'écoule plus ou moins librement à la surface des sols (Khuat Duy, 2011).

1-4-3 La texture du sol

La distribution et les flux d'eau sur une portion de terre, sont principalement déterminés par l'état de la végétation, du sol, ainsi que par la nature des précipitations. La capacité globale du sol à retenir l'eau est à son tour déterminée par la texture du sol, le matériau constitutif et de la structure, qui déterminent la porosité et la présence de racines et de matières organiques. Les principaux composants qui déterminent la texture du sol sont les quantités de sable, d'argile et de limon. En fonction de la fraction de chaque type de particules, les sols sont alors classés via des diagrammes triangulaires. Il faut noter qu'il existe plusieurs systèmes de classification. Le plus courant est le système américain proposé par l'United States Department of Agriculture (USDA) (Juglea, 2011). La Figure 1 montre les différentes classes standards de texture en fonction de leur composition.

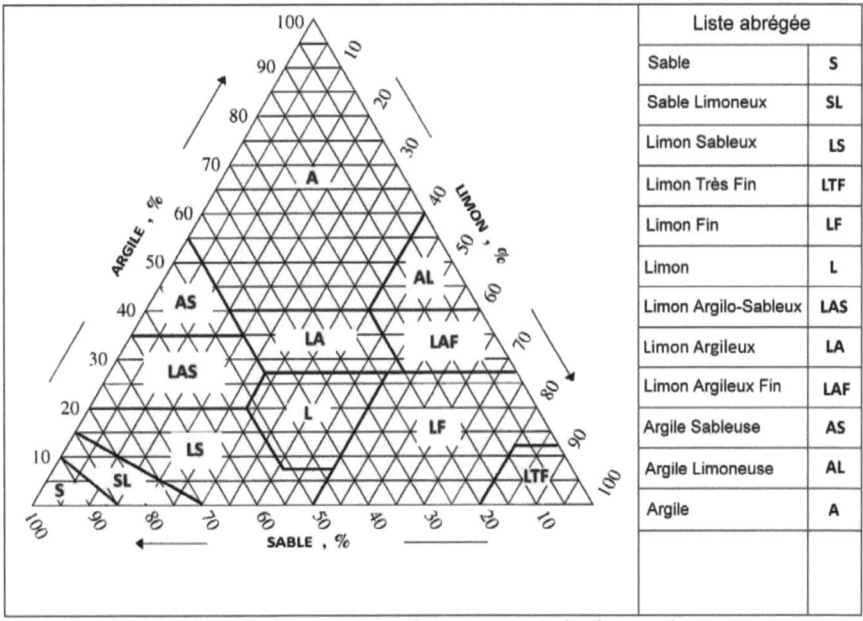

Figure 1 : Diagramme des classes texturales
(Source : USDA, 1995)

1-5 Revue de littérature

Le développement des outils d'acquisition de données, tels que les Systèmes d'Information Géographique (SIG), les Modèles Numériques de Terrain (MNT), les radars, les satellites ; nous offre la possibilité d'accéder à de nombreuses données spatialisées des bassins versants et des pluies (Plantier, 2003). Il est alors envisageable de connaître la répartition spatiale de l'aléa érosion, des flux et dépôt de sédiment, etc., dans un bassin versant. De plus en plus, les applications de la télédétection qui se font dans le cadre des SIG permettent de combiner les données de télédétection à toute une gamme d'informations diverses. Plusieurs auteurs ont déjà expérimenté ces méthodes :

Bonn, (1994) affirme que la télédétection permet de cartographier, de mesurer l'humidité des sols et d'observer leur dynamique. Et l'intégration de la télédétection et des SIG permet de développer un outil de modélisation et de gestion du risque d'érosion à l'échelle régionale. Kovar et Nachtnebel, (1996) ont attiré l'attention sur l'importance du SIG et du MNT dans la modélisation hydrologique. Vine et *al.,* (1997) présentent l'aptitude de la télédétection à différencier des capacités d'écoulement en surface ; ce qui se distinguent soit par leur couverture végétale, soit par leur état de surface. De plus, Bahija Bachaoui et *al.*, (2007) ont montré que la télédétection et le SIG sont de plus en plus utilisés pour l'étude des phénomènes de surface et forment ensemble des outils essentiels dans les systèmes interactifs d'aide à la décision et opérationnels de gestion du risque.

Le problème de la lutte contre l'érosion fut à l'ordre du jour de la Conférence des Nations Unies sur l'Environnement et le Développement (CNUED) qui se tint en 1992 à Rio de Janeiro. La conférence prôna une nouvelle approche intégrée du problème visant à promouvoir le développement durable au niveau communautaire. Elle demanda également l'élaboration d'une convention sur la lutte contre la désertification en particulier en Afrique. L'érosion hydrique des sols constitue un aspect majeur de la dégradation des paysages dans les environnements méditerranéens, semi-humides et semi-arides (Bou Kheir, 2002). Les diverses études réalisées sur l'érosion en général et l'érosion hydrique en particulier ont pu quantifier et analyser divers facteurs. Dans cette optique, Moukhchane (2002) qui a caractérisé le paysage du point de vue climatique, topographique, lithologique et de l'occupation des sols ensuite a procédé à une quantification des pertes en sols et son impact sur la capacité de stockage d'eau du barrage Nakhla. L'auteur affirme que l'étude des processus d'érosion a fait appel, durant les deux (2) dernières décennies, à une panoplie de techniques de quantification de l'érosion.

Les ingénieurs, les techniciens et les scientifiques ont toujours cherché à quantifier les phénomènes qui les entourent pour mieux les évaluer, les prédire et mieux les contrôler. La quantification des pertes de sol n'a pas échappé à ce principe et le tout a véritablement débuté au début du siècle dernier, lorsque le problème de l'érosion devenait de plus en plus préoccupant aux États-Unis (Lagace, 2014). En 1957, Smith et Wischmeier présentent un modèle mathématique (empirique) complet de prédiction des pertes de sol appelé équation universelle des pertes de sol (USLE - Universal Soil Loss Equation). La plupart des modèles d'érosion, comme l'équation universelle de pertes de sols (USLE), ont été établis à partir de mesures ponctuelles ou de mesures sur des parcelles expérimentales, avec peu ou pas de spatialisation des résultats.

Duchemin et al., (2001), ont présenté le développement et l'application d'une approche géomatique de simulation qui implique l'utilisation conjointe du modèle hydrologique CEQUEAU, du modèle d'érosion MODÉROSS et du système d'information géographique IDRISI. Le modèle utilisé ici pour l'évaluation de l'érosion hydrique des sols est basé sur l'équation universelle de perte de sol (USLE) et sur ses modifications ultérieures (le Revised Universal Soil Loss Equation – RUSLE) (Renard et al., 1997). RUSLE est essentiellement une version améliorée de l'USLE.

Selon Flanagan et Nearing (1995) parmi les modèles physiques, celui avec le plus grand nombre d'études de cas simplement, le plus utilisé est WEPP (Water Erosion Prediction Project) Développé par l'USDA. Le modèle WEPP a été conçu pour déterminer et / ou évaluer les mécanismes essentiels de contrôle de l'érosion hydrique, y compris les impacts anthropiques (Merrit et al., 2003). Il analyse les différents processus, à la fois hydrologique et érosif, simule différents éléments (climat, le vent, etc.) et évalue leurs effets sur l'érosion, en utilisant une échelle de temps variable. L'une des principales limites de ce modèle est qu'il ne fonctionne pas à grande échelle mais sur les zones ayant une extension maximale de quelques centaines d'hectares.

Afin de fournir des outils permettant une modélisation des risques d'érosion, des transports de sédiments et des dépôts en terrain complexe, Mitasova et Mitas (1988) proposent une méthodologie pour la modélisation de l'érosion à différentes échelles et niveaux de complexité : le modèle physique SIMWE (SIMulated Water Erosion) implémenté dans le SIG GRASS. Le modèle de simulation de l'érosion hydrique SIMWE est basé sur la description de l'écoulement de l'eau et le transport des sédiments sur la base d'équations. Les simulations plus détaillées des impacts de l'utilisation des terres sont pris en charge par ce modèle. Cette méthode prend en compte un certain nombre de facteurs qui proviennent de la méthodologie d'élaboration du modèle WEPP basé sur le modèle de Green Monte Carlo. Selon Chérif et *al.,* (2004), l'équation de Green Monte Carlo est encore utilisée dans plusieurs modèles hydrologiques récents pour l'estimation de certains facteurs. Parmi ces modèles, on peut citer le modèle de simulations hydrologiques HEC-HMS (Hydrologic Engineering Center, 2000), les modèles d'érosions des sols LISEM (Jetten, 2002) et WEPP (USDA, 1995).

Quelques études menées à la parcelle et au champ sur l'érosion et l'accumulation, sont basées sur l'application du modèle SIMWE. Koco (2011) affirme que les modèles d'érosion des sols actuels ne permettent pas de résoudre l'impact du ravinement sur les changements dans le paysage, mais seulement sa répartition et son intensité spatiale. Le modèle SIMWE a été utilisé pour la simulation des conséquences de l'érosion par ravinement dans un environnement SIG. Vladimír et Unucka (2010) ont utilisé le modèle SIMWE pour la modélisation du ruissellement de l'eau de surface en relief géomorphologique extrême. Ils expriment l'idée que le modèle SIMWE est également un modèle d'érosion dynamique incluant l'aspect pluie-débit.

En ce qui concerne la zone d'étude, Adéaga (2005) a modélisé les relations pluie-débit et les crues probables dans le bassin versant de la Yéwa. Il a procédé à une simulation de la réponse des systèmes du bassin et a déterminé son impact sur les régimes des ressources en eau dans le bassin.

La littérature en géomorphologie et géomorphométrie offre de nombreux indicateurs pour analyser les réseaux hydrographiques et les bassins-versants dans lesquels ils s'inscrivent. Les indices et composantes morphologiques les plus couramment utilisés en hydrologie peuvent être classés en quatre catégories : indices de forme, indices de volume (indices de pente), indices de réseaux et indices croisés (Douvinet et *al.,* 2008). Dehni et *al.,* (2013) se sont appuyés sur une analyse des MNT à travers la spatialisation numérique des indicateurs hydro-géo-morphométriques (indices de forme, de surface et les indices de volumes). Cette étude a contribué à la gestion et à la protection du bassin versant de la Tafna contre les risques d'érosion et d'inondation.

Au total, l'état actuel des connaissances sur le sujet est bien avancé mais il semble qu'aucune étude n'ait encore été réalisée sur la susceptibilité des sols à l'érosion hydrique dans le secteur d'étude. Toutefois il existe des travaux de recherche réalisés aussi bien dans le secteur d'étude que dans les environs. Enfin l'utilisation du modèle SIMWE offre la possibilité de simuler le processus d'ablation, de transport et d'accumulation. Cette approche, avec le SIG offrira une opportunité de spatialisation des différents facteurs et des résultats qui en seront déduits. Elle propose l'utilisation des outils de traitement d'images satellites, des modèles numériques de terrain (MNT), ainsi que des SIG pour favoriser la gestion des terres et améliorer la compréhension des processus morpho-dynamiques en milieu agricole.

La justification du sujet, la revue de littérature, les objectifs et les questions de recherche étant fait, le chapitre suivant expose la présentation du cadre physique et humain de la zone d'étude.

CHAPITRE II :
PRESENTATION DE LA ZONE D'ETUDE

CHAPITRE II : PRESENTATION DE LA ZONE D'ETUDE

L'objectif de ce chapitre est de présenter les facteurs physiques et humains, en particulier ceux potentiellement liés au processus d'érosion hydrique dans le bassin.

2-1 Situation géographique

Le bassin versant de la rivière transfrontalière de la Yéwa, est à cheval sur le Bénin et le Nigéria. Il se présente sous une forme allongée avec une orientation NNW-SSE et est situé entre 6°21' et 7°38' Nord et entre 2°30' et 3°8' Est (figure 2). Il couvre un territoire de 5752 Km².

Sur le plan administratif, il couvre deux départements à savoir le l'Ouémé et le Plateau au Bénin et les Etats d'Ogun et de Lagos au Nigéria. Mais la majeure partie du bassin se trouve au Nigéria (soit 68%). Du nord au sud, les communes et les subdivisions administratives situées dans son emprise sont : Kétou, Pobè, Adjaouèrè, Sakété, Adjohoun, Ifangni, Akpro-Missérété, Avrankou, Adjarra, Sème-Kpodji (Bénin) et Imeko-Afon, Yéwa North, Abeokuta North, Yéwa South, Ipokia, Ado-Odo/Ota et Badagry (Nigéria).

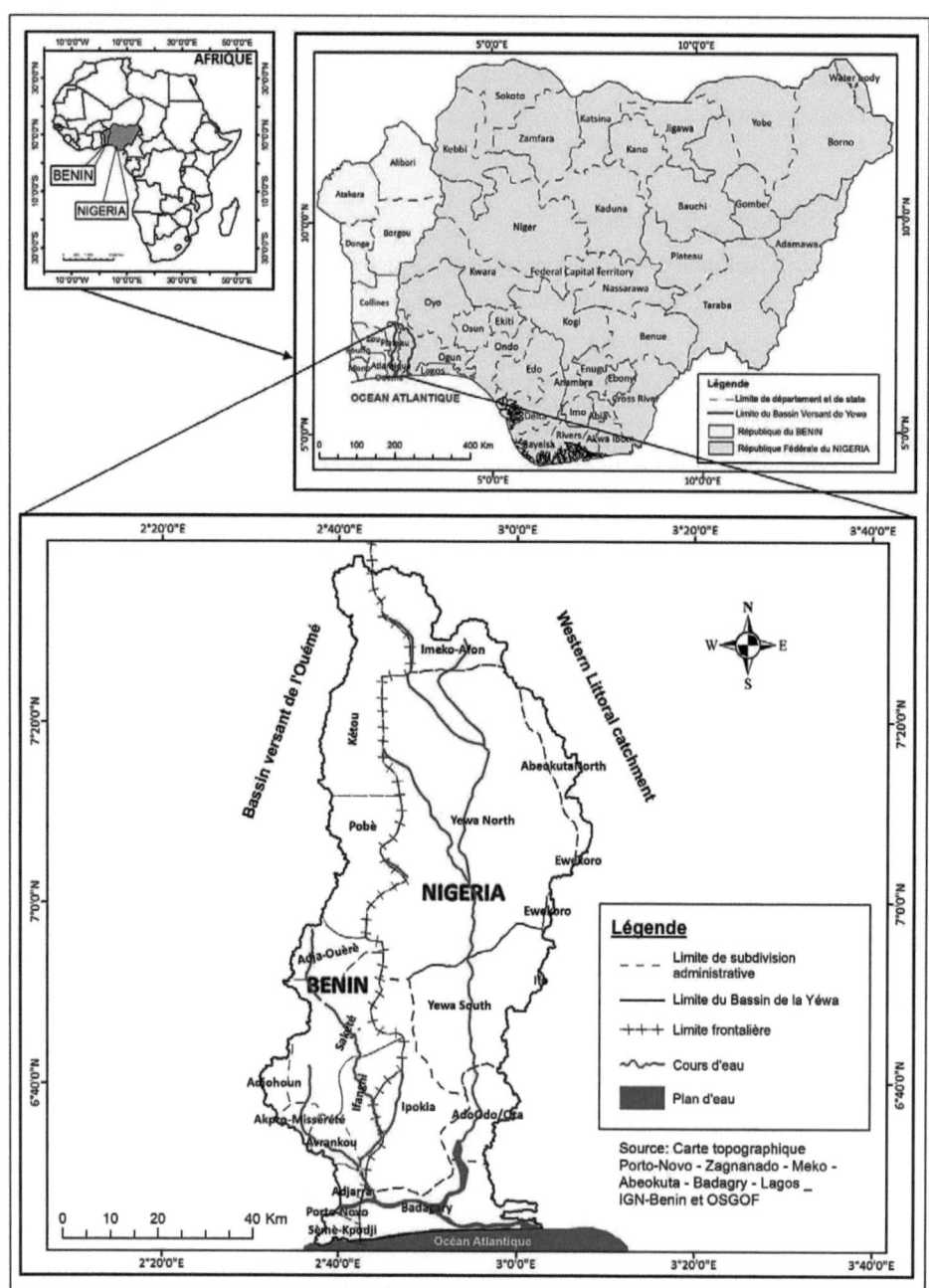

Figure 2 : Localisation du bassin de la Yéwa

2-2 Cadre physique

2-2-1 Caractéristiques climatiques

Le bassin de la rivière Yéwa est caractérisé par un climat subéquatorial. Le climat y est régi par le balancement du Front Inter-Tropical (FIT), qui résulte de l'interaction de deux (2) masses d'air : l'air continental tropical et l'air équatorial maritime. Le FIT se déplace suivant un axe Nord-Sud au cours de l'année. La répartition des pluies trouve son origine dans la remontée progressive, vers le nord, du front de mousson ou Zone de Convergence Intertropicale (ZCIT). Les variations saisonnières de la position du FIT et de la ZCIT conditionnent la répartition des précipitations (Riser, 1999).

Ainsi, la plupart des localités du sud du Nigeria et du Bénin, y compris le bassin drainé par la rivière Yéwa présente deux saisons pluvieuses (avril à juillet et octobre à novembre) qui alternent avec deux saisons sèches (août à Septembre et décembre à mars). De décembre à mars, le bassin-versant subit une saison sèche, dominée par l'alizé continental de nord-est (l'harmattan). D'avril à juillet, une saison de pluies dans le bassin caractérisée par un début de précipitations orageuses. Une remontée vers le nord de la ZCIT fait que le bassin versant est fortement arrosé avec des précipitations jusque vers la latitude de 10° N : c'est la grande saison pluvieuse du domaine subéquatorial. De juillet à août, c'est la période des maxima pluviométriques correspondant à la pénétration du flux de mousson sur le nord du bassin, avec une période de sécheresse au mois d'Août. À ce moment, on observe une diminution brutale des précipitations mensuelles au sud du domaine guinéen, qui s'accentue au fur et à mesure qu'on se rapproche de l'océan : c'est la petite saison sèche (figure 3) (Amoussou, 2010). Les précipitations dans le bassin de la Yéwa diminue globalement du sud au nord et varie d'environ 1500 mm dans le sud à environ 800 mm dans le nord (Iloeje, 1976).

Dans le bassin, il existe deux types de pluies. L'une se manifeste par de petites cellules de tombée d'eau, qui sont originaires du delta du fleuve Niger ou même plus à l'est. Ces cellules ou lignes de grains se déplacent rapidement vers l'ouest et vers le nord, laissant derrière eux, des pistes étroites de fortes précipitations. Les pluies de ce type pourraient survenir à tout moment de l'année, mais le plus souvent pendant la saison sèche. L'autre type est la mousson, qui couvre de vastes régions avec des précipitations continues pendant plusieurs jours. La mousson se produit en Juin-Juillet et en Septembre-Octobre, laissant un écart de quelques petites cellules de pluies en Août. La température moyenne annuelle dans le bassin est d'environ 26°C dans le sud et 28°C dans le nord avec une fourchette annuelle de ± 4°C.

L'humidité relative autour de la région est généralement élevée toute l'année, étant de l'ordre de 70 à 95% en raison de sa proximité de la mer. L'évapotranspiration potentielle est relativement faible (Adéaga, 2005).

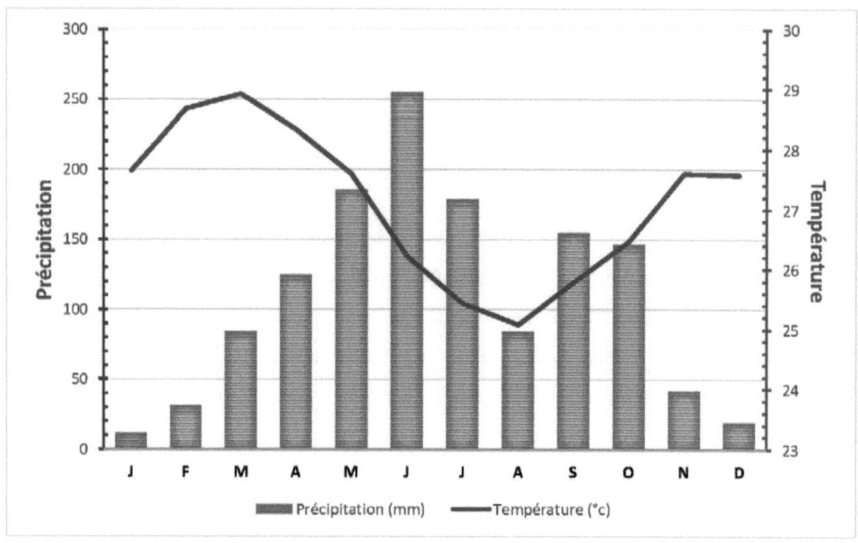

Figure 3 : Diagramme ombro-thermique des stations (1961-1990)

Source : FAO clim

La figure 3 présente le diagramme ombro-thermique des stations (14) localisées au niveau du bassin de la Yéwa de 1961 et 1990. Le graphique montre donc l'existence de deux saisons pluvieuses qui alternent avec deux saisons sèches.

2-2-2 Aspects topographiques et géomorphologiques

La topographie du bassin présente un relief presque monotone et très peu accidenté. Le bassin versant de la Yéwa est formé d'une série de plateaux séparés par quelques dépressions. Dans la région nord-est, le plateau se compose du grès Sermonien dans la structure supérieure de la formation Abeokuta. A Idi-Emi et au nord d'Imeko, le plateau atteint une hauteur de 214 m avant de descendre vers le sud dans la dépression Ewekoro (Iloeje, 2001).

Au nord-ouest du bassin, existe un plateau qui est relativement peu élevé et incliné vers le sud passant de 100 m à Kétou à 60 m à Odomèta. Ce plateau correspond à la partie septentrionale du bassin sédimentaire côtier béninois qui entre en contact avec le socle cristallin (surtout migmatite) par un front de côte de 250 m d'altitude (Adam et Boko, 1993)

La limite nord de la dépression d'Ewekoro s'étend environ sur une ligne droite depuis Ijale-Ketu jusqu'à Igbogila. La dépression se prolonge vers le sud à la base du faible escarpement disséqué des hautes terres du Sud autour de Iselu en passant par Abiola. La dépression d'Ewekoro est environ à 30m au-dessus du niveau de la mer. Elle s'élargit vers l'ouest d'environ 9 km à Igbogila à 16 km à la frontière avec la République du Bénin (Iloeje, 2001).

Au centre, existe le plateau de Pobè-Sakété dont l'altitude moyenne est de 100 m décroît progressivement pour atteindre 20 m à Adjarra. Ce plateau est entaillé par de petites et moyennes dépressions aux pentes très peu marquées. Les dépressions moyennes, au nombre de trois (Adja-Ouere, Pobè et Adjarra) se rejoignent en une vallée unique (vallon d'Adjarran) entre les communes d'Adjarra, d'Avrankou et la République Fédérale du Nigeria (Le Barbé et *al.*, 1993).

Les hautes terres du sud comprennent la formation d'Ilaro avec la plaine côtière de sables. Le point culminant de ces hautes terres est d'environ 120 m près de Ohunbe et Ilaro. La rivière Yéwa traverse des escarpements à Ebute-Igboro (Iloeje, 2001).

La limite sud de la plaine côtière de sables est souvent fortement définie par un escarpement à pente abrupte d'environ 15 m de haut au-dessus des dépôts côtiers. La bande côtière du bassin a une faible altitude et marécageuse (Adéaga, 2005) (figure 4).

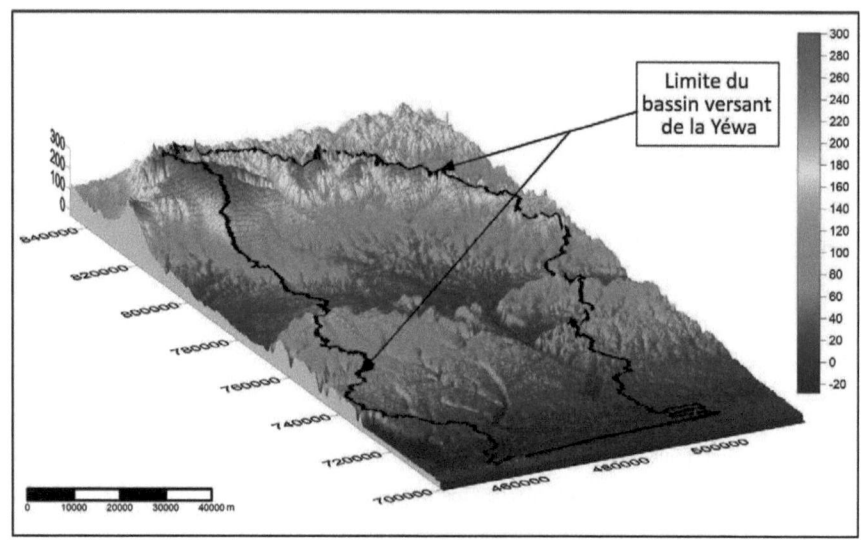

Figure 4 : MNT du bassin de la Yéwa
Source : SRTM MNT, 2014.

2-2-3 Aspects géologiques et pédologiques

La structure géologique dans une large mesure a une influence sur la configuration de drainage, l'efficacité d'évacuation et le débit d'eau au-dessus et en dessous de la surface ainsi que la perméabilité des roches et la structure du sol d'une région.

La géologie du bassin s'étend sur deux formations. Il s'agit du bassin sédimentaire côtier et le socle cristallin connu sous le nom du Dahomeyen ou le bouclier bénino-nigérian. Les roches sédimentaires sont constituées principalement de sédiments post crétacé et la formation du crétacé d'Abeokuta, qui date de la Basse période du Crétacé (environ 120 millions d'années) à la période du Quaternaire (moins de 2 millions d'années). Le bassin est une extension du socle cristallin, qui débute dans la période tertiaire (il y a environ 60 - 65 millions d'années) a entraîné des perturbations marines. Les perturbations ont entraîné de dépôt d'une épaisse séquence de schistes, grès et, plus rarement, de calcaire sur les sédiments préexistants dans le cristallin.). Les sédiments du tertiaire sont composés principalement de sable récent et d'argile tandis que les dépôts quaternaires sont constitués des plus récente roche du bassin. Les dépôts du quaternaires constitués de boue, d'argile et de sable accumulé le long des côtes et deltas ou alluvions déposées par le long des vallées (Iloje, 1976 ; Amoussou, 2010).

Le socle cristallin est composé d'une grande zone de Gneiss plissé, de schistes et quartzites. La formation d'Abeokuta est la plus ancienne des roches sédimentaires dans le sud-ouest du Nigeria. Il convient de noter que la formation est généralement de couleur rouge brique et se compose de grès d'asrkose et de gravier. On y retrouve aussi des matériaux latéritiques, sables avec des matériaux en coquillages, marnes schisteuses, de minces bandes de grès ferrugineux et le calcaire de sable. Au sud, la formation d'Ewekoro, qui comprend de plus récentes roches sédimentaires de l'ère tiertaire et se compose de bas en haut, d'une séquence de calcaire du Paléocène. La formation d'Ilaro est une autre formation géologique du bassin qui comprend deux dépôts marins et continentaux (Rahaman, 1972). Cette formation se compose d'argile, de schiste avec des bandes de roches de phosphate et de grès jaune et mal consolidé, qui développe une couleur marbrée au niveau des surfaces altérées. La formation de la plaine de sable côtière se compose de blanchâtres, violets, bruns et bigarrés sables mal triés argileux, limoneux, argilo-sableux et de lignite mince rare. En outre, près de l'embouchure de la rivière Yéwa et en bordure de l'Atlantique on observe des dépôts d'alluvions argileux, datant du quaternaire. Ce sont les roches les plus récentes du bassin et il est à noter que les dépôts alluviaux des plaines inondables se retrouvent le long des cours d'eau.

Sur le plan lithologique, la formation d'Ilaro et la plaine de sable côtière sont constituées de sables grossiers et à grains moyens bien que des sables à grains fins, limons et argiles se produisent également. (Adéaga, 2005) (figure 5)

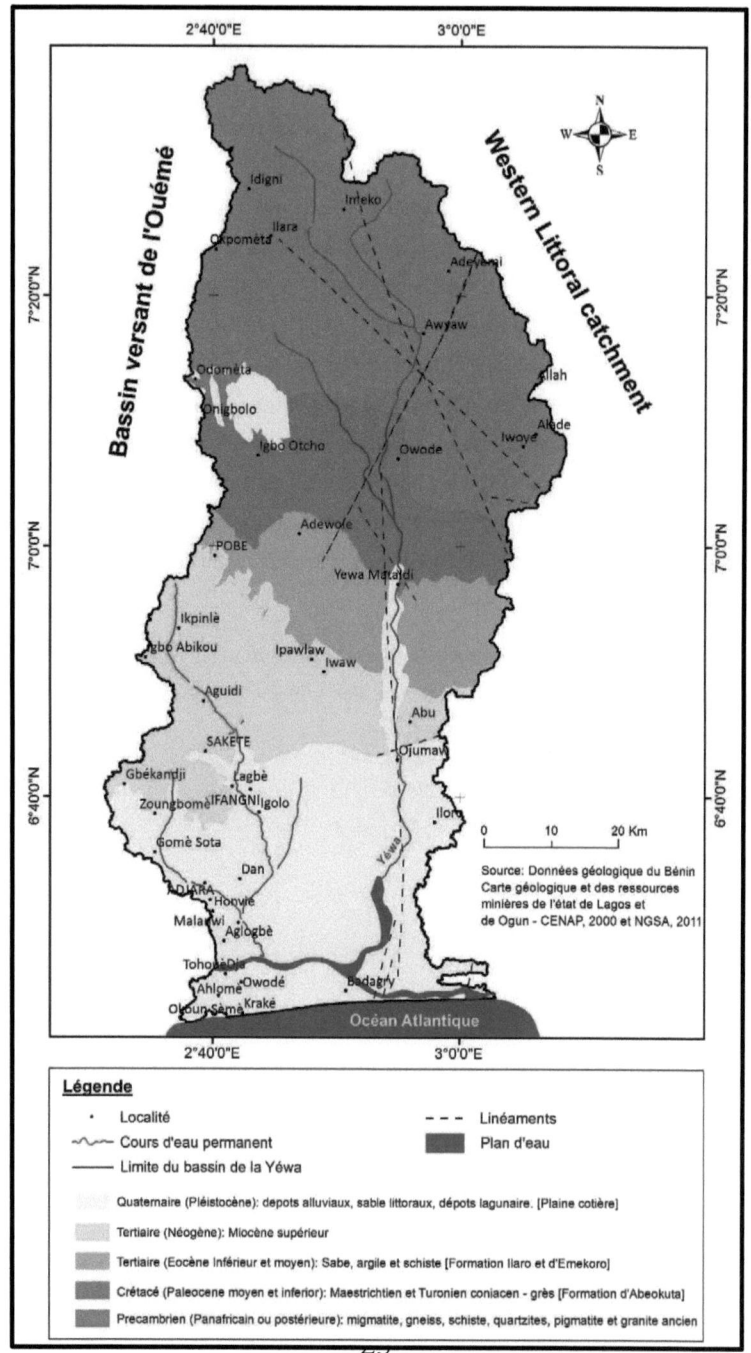

Figure 5 : Géologie du bassin de la Yéwa

Sur le plan pédologique, la formation et la nature des sols dépendent principalement de trois facteurs à savoir; la nature de la roche mère, la végétation et le climat. Les sols du bassin peuvent être classés en cinq catégories à savoir :

- Les sols modaux sur sables marins littoraux sont essentiellement issus de sables marins et sont peu évolués, avec un pH compris entre 5 et 6. Ils sont pauvres en matières organiques. Ils se singularisent par de bonnes caractéristiques physiques (profondeur, drainage, pénétrabilité) aussi par de piètres propriétés hydriques et chimiques (faible capacité de rétention pour l'eau et pour les éléments minéraux). On les rencontre le long des cours d'eau et dans les zones de basse altitude. Ce sont des sols très fertiles. Ils sont formées par des dépôts d'eau récents et se trouvent sur la plaine inondée, delta ou le long des plaines côtières. Ces sols ne dépendent pas beaucoup du climat et de la végétation pour leur formation. La roche mère sous-jacente semble donc être le facteur le plus important dans leur formation (Iloeje, 2001).

- Les vertisols recouvrent d'une manière générale le fond des vallées (proches des sols peu lessivés, faible épaisseur, faible perméabilité) et de sols lessivés (lessivés en argile et en sesquioxydes). Ils reposent sur un substratum de nature granito-gneissique à muscovite et à deux micas. Leur propriété dépend de leur position topographique.

- Les sols ferralitiques sont issus des sédiments meubles argilo-sableux et des grès sur sédiments du crétacé. Relativement fertiles, ils sont cultivés, mais sont très sensibles à l'érosion. Sur les versants des plateaux, les sols ferralitiques offrent particulièrement une faible résistance aux agents d'érosion surtout lorsqu'ils sont débarrassés du couvert végétal. Ils ont de bonnes propriétés physiques et hydrauliques, néanmoins leur réserve en eau est assez faible et leur structure peut se dégrader rapidement s'ils sont également cultivés (Azontonde, 1991).

- Les sols ferrugineux tropicaux s'entendent sur les versants des rivières. Ils sont constitués de sols peu lessivés en argile (faible migration des colloïdes argileux et forte migration des sesquioxydes), peu profonds et concrétionnés. Ils sont localisés sur le socle et sont marqués par un lessivage intense et une forte altération.

- Les sols hydromorphes qui sont formés ou qui évoluent dans un environnement physico-chimique d'anoxymorphie favorisant des phénomènes d'oxydo-réduction (Azontondé, 1991). Ils occupent les vallées du cours d'eau et de ses affluents. Ils sont en général finement structurés en grumeleux ou grumelo-polyédrique en surface. Ces sols sont profonds avec une perméabilité en moyenne en surface et faible en profondeur. Les sols alluviaux hydromorphes ont à l'instar des Vertisols des propriétés physiques et hydrauliques; mais ceux formés sur alluvions sablo-limoneuses ont une perméabilité plus élevée mais une réserve hydrique plus faible (Iloeje, 2001) (figure 6).

La pédologie est un facteur important pour l'hydrologie d'un bassin versant, dans la mesure où il contrôle ou régule directement, à travers le processus d'infiltration, la composante du cycle hydrologique qui est responsable de la recharge en eau souterraine (Zannou, 2011).

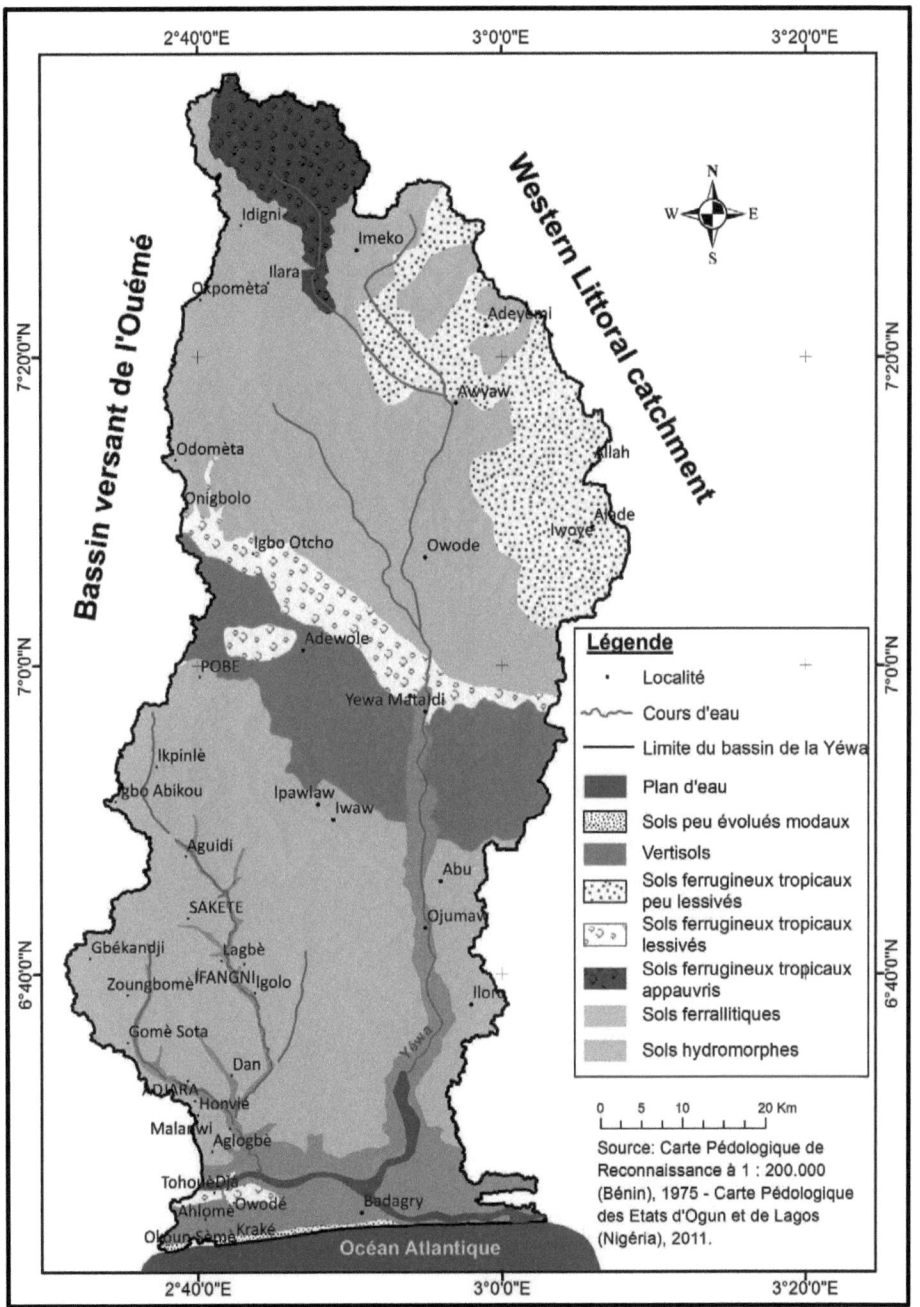

Figure 6 : Pédologie du bassin de la Yéwa

2-2-4 Hydrographie

L'hydrographie du bassin est assez importante composée de plusieurs cours d'eau. Ils présentent un régime d'intermittence caractérisée par un assèchement en saison sèche et une reprise des écoulements en saison humide.

Le réseau hydrographique du bassin de la Yéwa peut être décrit en 2 entités :

- Le réseau à l'Est est le plus important du bassin. Le cours d'eau principal (Yéwa) a une longueur de 178 km. Les rivières suivent ici la direction nord-sud. D'amont en aval, on peut citer notamment : Agude, Ojumo, Erimi, Igbin, Igbun, Kakanfo, Iju, Irori, Iwo, Ijado, Igbodi, Amo, Ogodo, Yako, Afon, Ayinbo, Eripa, Iho, Omituntun, Obete, Oya (Ojinnaka, 2013)…

- Le réseau à l'ouest est composé principalement de la rivière Aguidi. Elle a une longueur de 65 km. Il apparaît comme un chapelet de bas-fonds exploités par les populations pour s'approvisionner en eau à partir de plusieurs sources (marigots de Do, Tchakou, Sèmè, Médédjonou, Djavi, Adjina, Adjarra etc.) et des canaux transversaux (DGE, 2008) (figure 7).

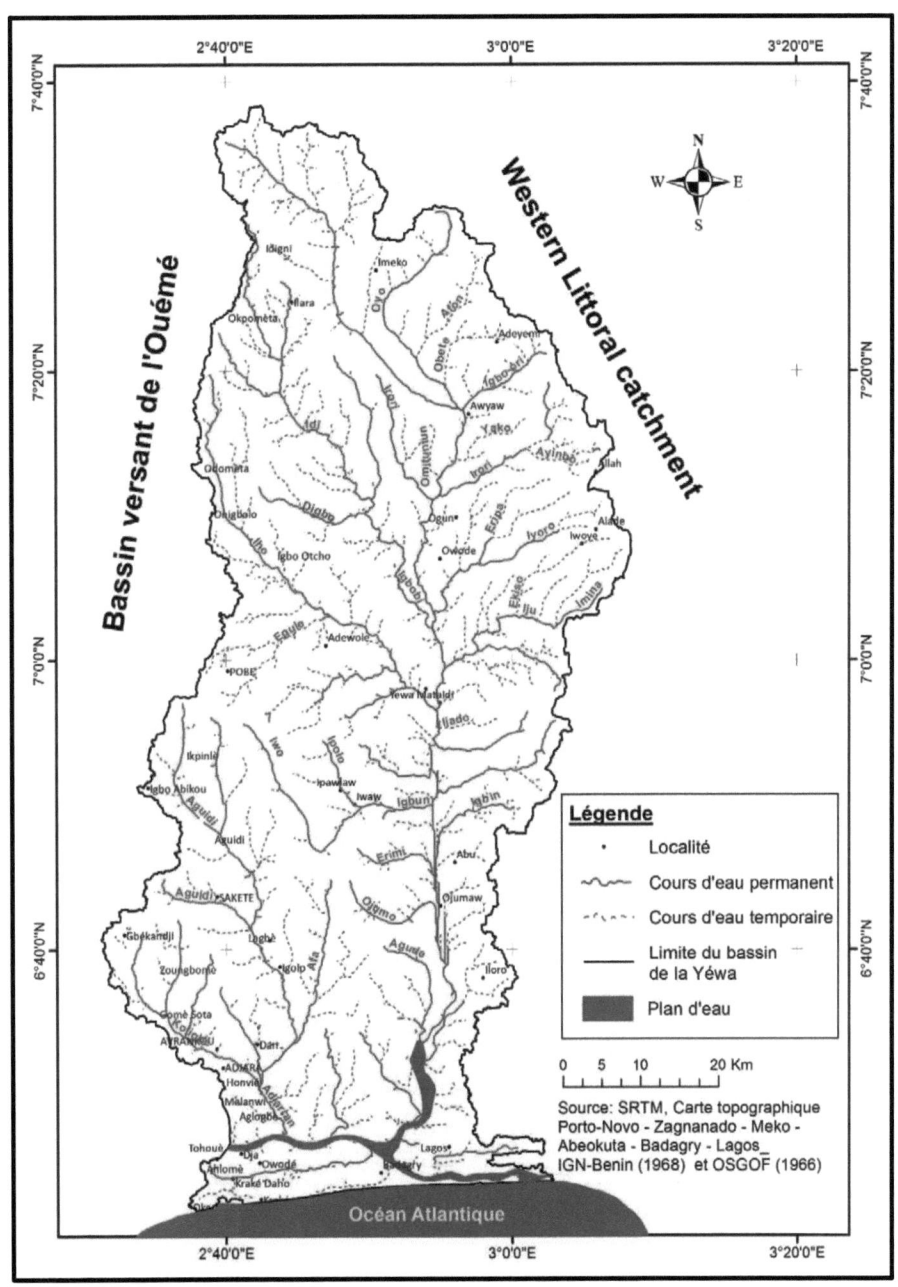

Figure 7 : Hydrographie du bassin de la Yéwa

2-2-5 Formations végétales

La végétation joue un rôle important dans le cycle de l'eau, comme moteur des échanges d'eau du manteau pédologique vers l'atmosphère. Elle impacte ainsi la disponibilité d'eau dans le sol, et par conséquent l'ensemble des processus hydrologiques qui en dépendent. Aussi, la végétation, surtout lorsqu'elle est dense et s'étend sur de grandes superficies freine les écoulements et favorise l'infiltration. Son influence sur le cycle hydrologique touche donc à la fois la transpiration, l'écoulement et l'infiltration (Zannou, 2011). On retrouve principalement dans le bassin de la Yéwa, les savanes arborées. La quantité de précipitations dans les zones de savane arborée peut maintenir les formations forestières.

Plusieurs types de formations végétales caractérisent le bassin. A côté de la végétation typique qu'est la savane arborée, on trouve également d'autres états dégradés de la forêt claire naturelle : savane arbustive, jachère. Les formations végétales rencontrées dans le bassin forment un ensemble de végétation allant de la forêt claire à la savane arborée et boisée. La région côtière du bassin est colonisée par des peuplements de mangrove à *Rhizophora racemosa* (palétuvier rouge), à *Avicennia africana* (palétuvier blanc) et à *Achrosticum aureum* (fougère des mangroves) et elles sont parfois en association avec les forêts galeries et des bourrelets de berge. Les forêts galeries sont des zones de plus grande densité d'arbres car elles se trouvent le long des cours d'eau où le sol est généralement humide (Iloeje, 2001).

La région de forêt se compose de forêt marécageuse et de forêt boisée. Les forêts marécageuses sont assez fragiles. *Ficus congensis, Anthocleista vogelii, Alstonia boonei, Cyrtosperma senegalense, Cyperus papyrus, Raphia vinifera, Eleocharis spp., etc.,* sont quelques espèces caractéristiques. Les forêts marécageuses sont prédominantes dans les bas-fonds sur sols hydromorphes aux alentours de Badagry, où l'effet de la marée a été minimisé et l'évacuation des eaux rendu presque impossible en raison de la topographie (Ballouche et *al.,* 2000). Aux abords des marigots, la végétation est très variée, composée de palmier raphia, de bambou, des fourragères et d'autres espèces hydromophes.

En outre, les principales caractéristiques de ce type sont les forêts à feuilles persistantes, même si certaines espèces individuelles d'arbres sont nues. Les arbres ont aussi généralement des troncs droits et des racines soutenues par de nombreuses lianes et plantes épiphytes (Adéaga, 2005). L'apparition de savane arborée est due à l'interférence de l'homme avec la conversion du paysage forestier en prairies. On note aussi quelques forêts classées dans le bassin de la Yéwa notamment celles de Goungoun, de Sème et d'Eggua…

2-3 Traits socio-économiques

2-3-1 Histoire

Le mot "Yé wa" en langue yoruba signifie : notre mère. Yéwa est une province, une ethnie, un peuple, une culture et une rivière à la fois. Le peuple Yéwa est un groupe multi-ethnique, multiculturelle, un sous groupe ethnique des yorubas situés dans l'Etat d'Ogun, région du sud-ouest du Nigéria. L'origine et le développement de la province Yéwa (anciennement Egbado) sont liés et fortement influencés par l'histoire des villes anciennes Ilé-Ifè et Oyo - berceaux du peuple Yoruba (Iloeje, 2001).

Selon Johnson, (1973) ; Asiwaju, (1976), les premiers habitants de la province étaient de grands guerriers, des chasseurs et des princes qui auraient migré de Kétu, Ilé-Ifè et Oyo dans les XVème, XVIème, et XVIIème siècles. Une autre migration a également eu lieu dans les XVIIIème et XIXème siècles à la suite de l'invasion du Dahomey et Egba et certaines villes du nord Yéwa. Ces migration de différents groupes proviennent en grande partie des colonies de royaumes indépendants et chefferie de groupe ethniques et sous groupe ethniques diverses qui constituent les différentes villes et villages Yéwa. Aujourd'hui, les populations de Yéwa sont principalement situées sur la partie occidentale de l'Etat d'Ogun au Nigeria.

La partie nord du bassin est constituée du sous-groupe ethnique Ketu. Les villes de Ketu, Ijoun, Ijaka, ljale, Egua, Igan Alade, Imeko, Owode-Ketu, Tata, llara et Idofa etc. ont été fondées par des émigrants de Ketu (fondée par Alaketu et maintenant en la République du Bénin). Plus au sud de la Ohoriare, les principaux royaumes de l'Ifonyin sont Ikolaje, llashe et Ifonyintedo. Pour la partie orientale, Ketu, Ohori et Ifonyin sont les sous-groupes à l'origine vivant dans la province de Yéwa. Il s'agit des populations de llaro, Ibara, Ilewo, Ilogun, Imala-Aiba, llobi, Ibese, Igbogila, Imasai, Isaga, Igan Okoto, Joga, Ayetoro, Idofoyi, Tibo, Keesan, Oke-Odan, Erinja et Ajilete, entre autres (Biobaku, 1956).

Au sud du bassin on trouve les Awori qui se sont installés dans des villes comme Ota, Ado-Odo et Igbesa. A l'ouest, ce sont les Awori, Anago et les Eyo qui s'installent à Ipokia, Agosasa, Ijofin, Ibatefin et Ihunbo. Au sud, les Awori et les Anago sont les Ogu (Egun) largement concentrés à l'intérieur et autour de Badagry. Les Egun se sont mariés aux Aworis, Anagos à Egbado et leurs principales colonies sont Tube et Maun. Tous ces sous-groupes ethniques ont été administrativement regroupés comme une division de la province Yéwa près Abeokuta dans les dernières années de l'occupation coloniale britannique au Nigeria. Aujourd'hui, les populations de la Yéwa sont principalement situées dans la subdivision administrative de

AdoOdo-Ota, Ipokia, Yéwa Sud, Yéwa nord, Imeko- Afon, et Abeokuta Nord de l'Etat d'Ogun. En 1985, les populations anciennement appelées Egbado, ont décidé de changer leurs noms en Yéwa. Le changement a été motivé, d'abord par la nécessité de corriger le problème d'un double abus de langage qui avait appliqué à la zone multiethnique plus large et aux sous-groupes particuliers anciennement étiqueté comme "Egbado". Ensuite, plus important encore, le changement a été basé sur l'auto-détermination du peuple tout entier qui non seulement partagent des affinités culturelles mais aussi géographiques par la rivière Yéwa et l'exploration de nouveaux terrains pour l'unité et le progrès (Asiwaju, 2002). Certaines des principales fêtes traditionnelles sont Olumo, Ogun, Igunnuko, Osun et Orisa-Oko. D'autres incluent Egungun, Obirin-Ojowu, Gelede, Oro et Sango. Les deux religions dominantes sont l'islam et le christianisme. Une petite proportion de la population pratique encore la religion traditionnelle. D'une manière significative, les populations de Yéwa se distinguent par leur très riche patrimoine culturel. Les types de musique populaire en peuple Yéwa sont : bolojo, agasa, ajangbode, ponse etc. alors que les populations sont traditionnellements fidèle de Egungun, Gelede et les cultes oro.

2-3-2 Démographie

Les pressions directes sur les ressources naturelles et les écosystèmes dues aux activités humaines vont conduire à une réduction du couvert végétal, exposant les sols vulnérables à l'érosion. La densité de population dans le bassin de la Yéwa n'est pas uniforme. Une densité de population moyenne de 1298,48 hbts/km^2 (2013) masque une répartition inégale entre le nord et le sud du bassin. La population est très dense dans la zone sud (Badagry, Sèmè-Kpodji, Adjarra, AdoOdo/Ota, Ipokia, Yéwa South, Avrankou et Akpro-Missérété) et faible dans la zone nord (Imeko-Afon, Kétou, Yéwa North, Pobè) du secteur d'étude (figure 10).

Les villes et villages importants en termes de population dans le bassin sont Badagry, Topo, Ajilete, Oke-Odan, Idiroko, Ado-, Séme-kpodji, Adjarra, Avrankou, Akpro-missérété, Adjohoun, Sakété, Ifangni, Pobè, kétou entre autres. Le bassin sera probablement de plus en plus urbanisé dans les prochaines décennies à cause de la proximité de la métropole de Lagos et la zone industrielle d'Ota qui empiète sur le bassin. C'est donc un bassin en transition du rural vers l'urbain (Adéaga, 2005).

Du point de vue socio culturel on recense un dizaine de groupes. Ce sont principalement : *Egba, Yéwa, Awori, Egun, Ijebu, Remo, Ikale et Ilaje, Anago, Ketu, Ohori, Sètonou, Adjarranou, Tollinou, Alladanou, Holi, Nago* etc.

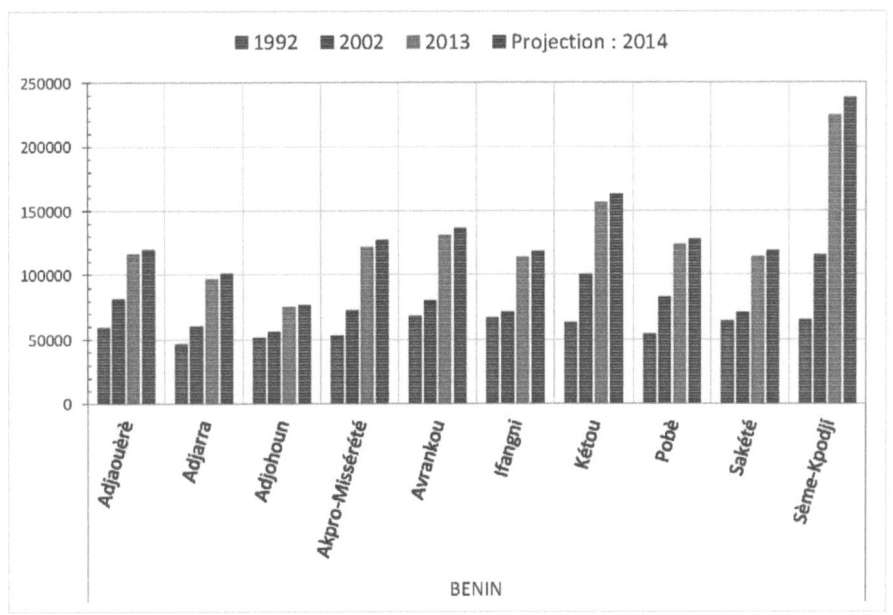

Figure 8 : Evolution de la population dans les communes du bassin (Bénin)
Source : INSAE, 1992, 2002 et 2013.

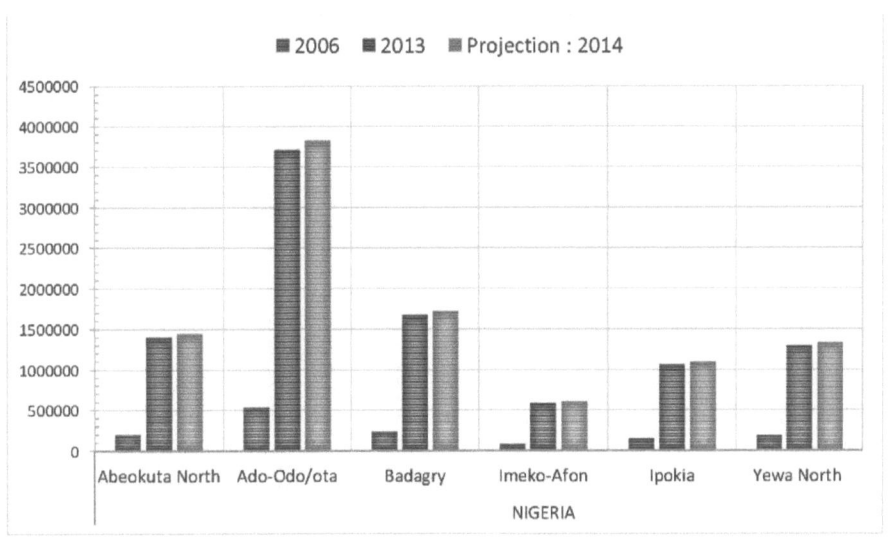

Figure 9 : Evolution de la population dans les subdivisions administratives de bassin (Nigéria)
Source : NPC, 2006, 2013.

Les figures 8 et 9 renseignent sur l'évolution démographique dans la zone d'étude. Nous constatons une évolution rapide de la population surtout dans les communes et divisions administratives situées au sud du bassin. Du côté béninois, la population est passée de 591 800 habitants (hbts) en 1992, à 793 977 hbts en 2002, à 1 274 571 hbts en 2013 (INSAE-RGPH 2,3,4), et enfin à 1 328 025 hbts en 2014. Les projections sur 2014 ont été considérées à partir des densités de populations issues du Recensement Général de la Population et de l'Habitation réalisé par l'INSAE en 1992, 2002 et 2013. Au Nigéria, la population du bassin est passée de 1 549 285 hbts en 2006 à 10 891 653 hbts en 2013 (NPC-CENSUS, 2006, 2013) et enfin à 11 219 664 hbts en 2014. Les projections sur 2014 ont été considérées à partir des densités de populations issues des recensement réalisé par le NPC en 2006 et 2013. Sème-kpodji, Ipokia, Avrankou, Adjarra, Ado-Odo/ota, Badagry sont les communes et subdivisions administratives les plus peuplées du bassin. L'augmentation de la population est due à l'influence socio-économique de la métropole Lagos, cosmopolite entre autres. Ces indicateurs montent qu'il y a une forte colonie de migrants venus des communes et états voisins vers les centres ruraux certainement pour travailler dans les riches exploitations agricoles.

En effet dans le cadre de sa survie, l'homme exerce diverses sortes d'activités socio-économiques : pratiques agricoles, exploitations forestières, pâturages, constructions de routes et de bâtiments, etc... qui tendent non seulement à modifier les phénomènes d'érosion dues au ruissellement favorisé par la destruction du couvert végétal, mais aussi et surtout à accélérer leur rythme de manière considérable (Iloeje, 2001).

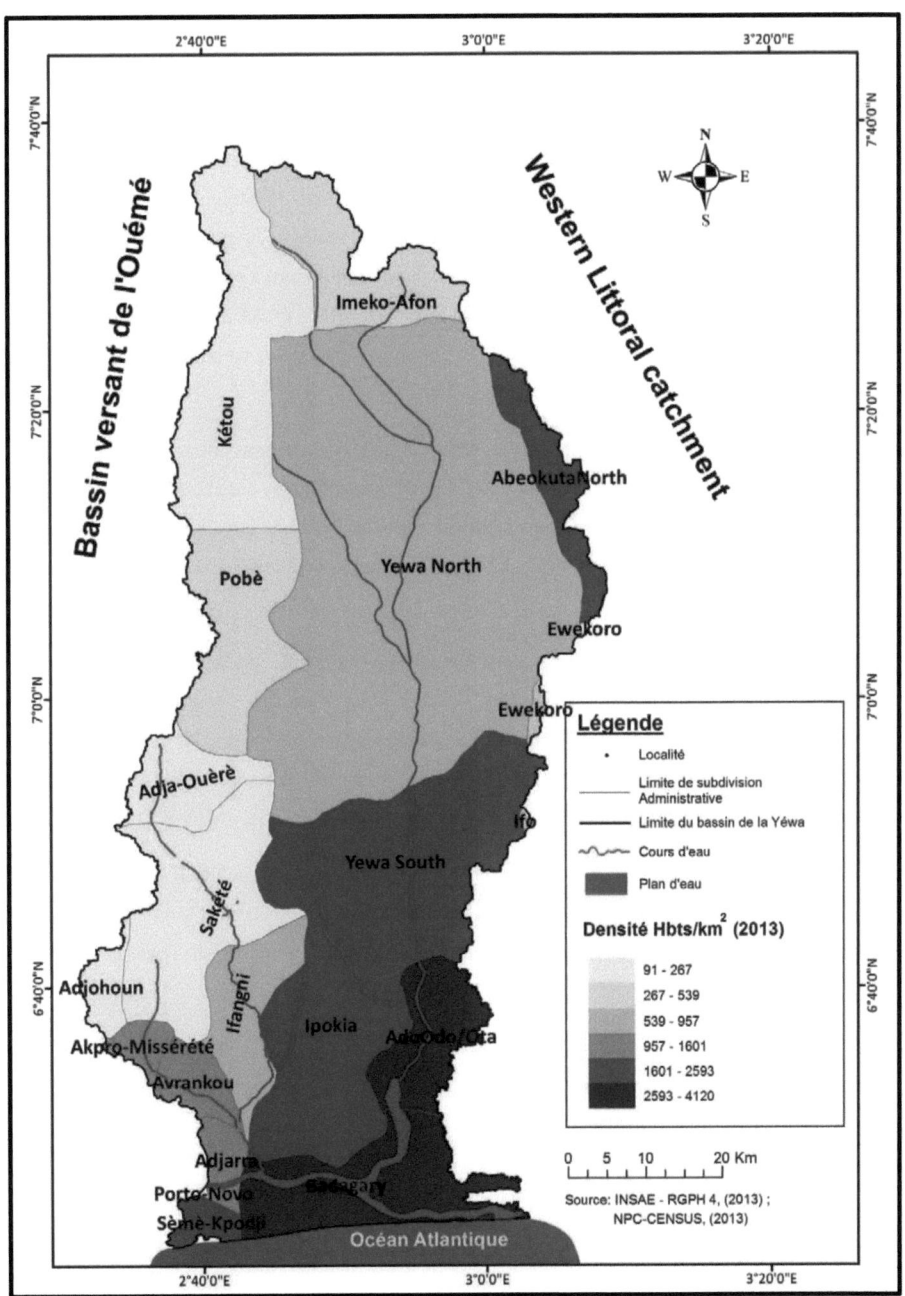

Figure 10 : Densité de population dans le bassin de la Yéwa

2-3-3 Activités économiques

Le bassin drainé par la rivière Yéwa a une économie rurale avec plus de 80% de la population travaillant dans l'agriculture et l'artisanat. Les activités forestières et minières de sable sont couplées avec la pêche qui représente un grand intérêt économique pour ses habitants. La région abrite plusieurs usines de transformations. Le peuple Yéwa dans l'histoire contemporaine, est principalement des agriculteurs et des commerçants qu'on retrouve en grande majorité dans la partie occidentale de l'Etat d'Ogun. L'installation de ses populations à proximité de la frontière internationale du Nigéria et de la République du Bénin a un effet considérable sur leurs activités commerciales. Il faut noter que la région était une importante artère de commerce d'esclaves de la côte (Iloeje, 2001).

Dans la région sud, plus densément peuplée, sont pratiquées des cultures comme le taro, le maïs et le manioc tandis que le cacao et le palmier à huile sont pratiqués comme cultures de rente. Le maraichage est également pratiqué surtout le long des plaines inondables. L'agriculture irriguée limitée est pratiquée dans le bassin. L'exploitation forestière est une activité également évidente dans le bassin.

Dans le bassin, l'artisanat comporte deux branches : l'artisanat traditionnel et l'artisanat moderne. La première comporte diverses activités dont certaines s'apprenaient dans les couvents vodoun par les initiés. La seconde comprend les activités artisanales de service et de production. Elles sont pratiquées par des jeunes qui, après leur déscolarisation se mettent en apprentissage durant quelques années.

Le transport est aussi une activité qui a connu une évolution remarquable. Il s'est beaucoup diversifié de par la nature des moyens et des modes. Il se pratique en effet à travers les voies terrestres et voies d'eau de la lagune de rivières principale au sud du bassin (Igue et Zinsou-Klassou, 2010).

Après la description du cadre d'étude, le chapitre 3 décrit les étapes de la démarche méthodologique qui ont servi à l'estimation des paramètres hydro-géo-morphométriques et la modélisation de l'érosion hydrique.

CHAPITRE III :
DEMARCHE METHODOLOGIQUE

CHAPITRE III : DEMARCHE METHODOLOGIQUE

Le présent chapitre expose les différents types de données, les techniques de collecte de ces données et leurs utilités, ainsi que les méthodes utilisées pour chaque objectif spécifique. Globalement, l'approche méthodologique tourne autour de l'estimation des paramètres hydro-géo-morphométriques et la modélisation de l'érosion hydrique. Les études de modélisation requièrent bon nombre de données traitées avec des méthodes judicieusement choisies et permettent d'accéder à un niveau de connaissance donné.

3-1 Matériel

3-1-1 Acquisition des données

Les données constituent des éléments de base pour la planification, la gestion et le diagnostic des problématiques liées à l'espace. Les données exploitées dans le cadre de ce travail sont des données cartographiques, des données climatiques et socio-économiques.

Les données cartographiques

- Les cartes topographiques

Les cartes topographiques de l'Afrique de l'Ouest, feuilles de Porto-Novo NB-31-XV et de Zagnanado NB-31-XXI au 1/200000 acquises auprès de l'IGN ;
Les cartes topographiques du Nigéria, feuilles de Meko (259), Abéokuta (260), Badagri (278) et Lagos (279) au 1/50000 (.tif) acquises à OSGOF.

- Les données administratives

Les données administratives collectées sont au format vecteur (.shapefile). Les données couvrant la partie béninoise du bassin, nous les avons acquises à l'IGN-Bénin et sur Divas-gis.org. Quant à celle concernant le Nigéria nous les avons acquises à OSGOF et sur Divas GIS.

- Les données pédologiques et géologiques

Les fichiers vecteurs portant sur les informations pédologiques et géologiques du côté béninois ont été acquises au Centre National d'Agro-Pédologie (CENAP). Les cartes pédologiques et géologiques de la partie nigériane ont été acquises au Nigerian Geological Survey Agency (NGSA)

- Les données satellites

Les scènes Landsat 8 ont permis d'extraire les informations actuelles sur la couverture du sol (2014). Les différentes bandes de ce capteur répondent assez bien aux critères d'identification des classes (forêt dense, forêt claire, savane, agglomération, sols nu, cultures et jachères ensuite les plans d'eau et cours d'eau) retenues.

Une image satellite de haute résolution de la zone d'étude, extraite de GoogleEarth.

Le MNT SRTM (au format .tif), obtenue sur le site de la NASA, a servi à la délimitation du bassin versant et au calcul des différents paramètres hydro-morphométriques.

- Les coordonnées GPS obtenus des différentes unités d'occupation de la zone d'étude ont permis de valider la classification.

Les données climatiques

Les données climatiques utilisées ici sont principalement les hauteurs de pluie et les températures pour la présentation de la zone d'étude, les paramètres environnementaux et la modélisation de l'érosion hydrique. Au total, quatorze (14) stations de mesure sont concernées, dont neuf stations au Bénin (Pobè, Porto-Novo, Sakété, Adjohoun, Cotonou-Port, Bonou, Kétou, Okpara, Sèmè) et six situés au Nigéria (Abéokuta, Lagos/Oshodi, Lagos/Ikeja, Agege, Badagry).

Les hauteurs de pluie de l'année 2014 ont été utilisées pour le calcul des hauteurs de précipitation excédentaire.

Les données socio-économiques

Elles sont constituées de statistiques sur les populations et leurs activités dans la zone d'étude. Elles ont été collectées à l'INSAE et au NPC respectivement pour le Bénin et le Nigéria.

Le tableau 1 fait la synthèse des données utilisées ainsi que leurs caractéristiques et utilité.

Tableau 1: Caractéristiques et utilité des données

DONNEES	ECHELLE / RESOLUTION	ANNEES	SOURCES	USAGES
Cartes topographiques	1/50000, 1/200000, 1/250000	1966, 1968	IGN-Bénin, OSGOF, NASA	Extraction de couches d'information topographique
Données administratives	-	-	IGN-Bénin, OSGOF, DIVA GIS	Présentation de la zone d'étude
Données pédologiques et géologiques	1/200000, 1/250000	1975, 2000, 2011	CENAP, NGSA	Récupération des informations relatives aux sols
Scènes Landsat 8 (191-55 et 191-56)	Multispectrale : 30 m	04/02/2014 et 19/01/2014	USGS (earth explorer)	Occupation du sol en 2014
Image satellite de haute résolution	1 m	2014	GoogleEarth	Complément pour la vérification de la classification
Coordonnées GPS	-	2014	Terrain	Validation de la classification
MNT SRTM	Résolution spatiale : 30 m	2014	NASA	Délimitation du bassin versant, génération des paramètres hydro-morphométriques
Données climatiques	-	1946 à 1975 Et 2014	ASECNA, FAOCLIM, NIMET, Data climate - NOAA, REMO model	Description de la zone d'étude et calcul du taux de précipitation exédentaire
Données socio-économiques	-	-	INSAE, NPC	Description de la zone d'étude

3-1-2 Outils et logiciels utilisés

Les logiciels qui ont été utilisés dans le cadre de la réalisation de cette étude sont :

- ArcGIS (ESRI) avec l'extension ArcHydro tools pour la délimitation du bassin versant, le calcul des paramètres hydro-morphométriques, la cartographie thématique et les analyses SIG.

- Surfer pour le calcul de paramètres hydro-morphométriques

- QGIS et GRASS GIS pour la modélisation de l'érosion hydrique.

- ENVI pour le traitement des images satellitaires (composition colorée, amélioration du contraste, mosaïquage, extraction de la zone d'étude, classification, validation, homogénéisation, vectorisation).

- Un tableur Excel pour le traitement et l'analyse des données statistiques.

- Un GPS pour la prise des coordonnées sur le terrain

3-1-3 Documentation

Cette partie du travail est consacrée à une identification et un recensement de la documentation existante sur le sujet ainsi que le milieu d'étude dans son ensemble ou en partie. Cette phase a permis de faire une synthèse bibliographique relative au thème et de saisir les différents concepts qui lui sont rattachés. A cet effet, plusieurs centres de documentation ont été parcourus : Ministère de l'Environnement, Centre de documentation de la FLASH de l'Université d'Abomey-Calavi, Laboratoire de Sédimentologie, Hydrologie et Environnement (LSHE) de la FAST, le Service d'Hydrologie de la Direction Générale de l'Eau (DG-Eau), L'Institut Géographique National (IGN - Bénin), l'INSAE, l'ASECNA, Office of Surveyor General, LSSEE (ex CENAP), NGSA, la bibliothèque du RECTAS (Nigéria), Une documentation numérique disponible sur Internet, etc.

Dans les différents centres parcourus, une abondante documentation d'ordre général et spécifique sur la vulnérabilité des bassins versant, les profils environnementaux des régions étudiées, l'érosion et la dégradation des sols, l'occupation anarchique de l'espace et les conséquences néfastes sur l'environnement y est disponible.

3-1-4 Observation de terrain

Cette partie du travail est destinée à l'acquisition des données, pour la validation du résultat de la classification de l'occupation du sol.

3-2 Méthodes

Pour atteindre les objectifs assignés à la présente étude, l'approche méthodologique adoptée est basée sur une modélisation de l'érosion hydrique à partir de la télédétection et des SIG.

3-2-1 Caractérisation hydro-géo-morphométriques du bassin

La caractérisation de ce bassin passe par le calcul d'un certain nombre de paramètres ou données géométriques. Les paramètres hydro-géo-morphométriques sont subdivisées en deux (2) catégories : Les paramètres hydro-morphométriques (caractéristiques morphométrique et hydrographiques) et les données environnementales (Depraetere C., et Lalubie G., 2012).

a) Les paramètres hydro-morphométriques

La détermination des paramètres hydro-morphométriques d'un système de drainage nécessite la délimitation de tous les sous-systèmes existants. Il a été donc procédé à la délimitation du bassin versant de la Yéwa. Ensuite au calcul des paramètres hydro-géo-morphométriques portant notamment sur les indices de forme, indices de réseau, indices de volume et indices croisés (figure 11). Les indices de forme s'attachent à décrire la forme prise par le périmètre d'un bassin. Les indices de volume servent à décrire le relief d'un bassin et à analyser la répartition des altitudes. Les indices de réseaux sont utilisés pour mesurer l'organisation hiérarchique et structurelle d'un réseau hydrographique. Quant aux indices croisés, ils ont une vocation plus synthétique en croisant deux des trois variables morphologiques : par exemple, la densité de drainage (Horton, 1932) rapporte une valeur de longueur (la longueur cumulée des cours d'eau) à une surface (l'aire du bassin), (Delahaye et al., 2005). Le calcul de ces paramètres a été réalisé dans un environnement S.I.G. (ArcGis 10.1 avec l'extension ArcHydro tools et Surfer 12) à partir du M.N.T. SRTM.

a-1- Indices de forme

> **Surface et périmètre**

La surface du bassin versant (en km^2) est l'aire de réception des précipitations et d'alimentation des cours d'eau, les débits vont donc être en partie reliés à sa surface. La surface du bassin versant est la première et la plus importante des caractéristiques. Le périmètre (en km) représente toutes les irrégularités du contour ou de la limite du bassin versant. La surface (A) et le périmètre (P) du bassin ont été extraits de manière automatique au moyen du logiciel ArcGis.

> **Forme (Indice de compacité de Gravelius)**

Elément essentiel d'un bassin versant, la forme influence l'allure de l'hydrogramme à l'exutoire de celui-ci. L'indice de compacité de Gravelius K$_G$ est défini comme le rapport du périmètre du bassin (P) au périmètre du cercle ayant la même surface équivalente. Il faut par exemple environ 1,12 pour un bassin carré, et est d'autant plus grand que le bassin est allongé (Bendjoudi et Hubert, 2002).

Il se calcule à partir de la formule :

$$K_G = \frac{P}{2\sqrt{\pi A}} = 0,28 \frac{P}{\sqrt{A}} \; ; \; \pi = 3,141$$

Cet indice est proche de 1 pour un bassin versant de forme quasiment circulaire et supérieure à 1 lorsque le bassin est de forme allongée.

> **Rectangle équivalent**

La notion de rectangle a été introduite pour pouvoir comparer des bassins entre eux du point de vue de l'influence de leurs caractéristiques géométriques sur l'écoulement. On assimile le bassin versant à un rectangle (dimension L et l) ayant le même indice de compacité et la même superficie (même répartition hypsométrique). Les courbes de niveau deviennent des droites parallèles au petit côté du rectangle. Ce rectangle est conçu pour pouvoir comparer les bassins versants du point de vue morphologique. La climatologie, la répartition des sols, la couverture végétale et la densité de drainage restent inchangées entre les courbes de niveau. En considérant la longueur L et la largeur l du rectangle, connaissant le périmètre P, l'indice de compacité de Gravelius K$_G$ et la superficie A du bassin versant, on peut déduire L et l :

$$L = \sqrt{A} \times \frac{K_G}{1.12} \times \left[1 + \sqrt{\left(1 - \left(\frac{1.12}{K_G}\right)^2\right)}\right]$$

$$l = \sqrt{A} \times \frac{K_G}{1.12} \times \left[1 - \sqrt{\left(1 - \left(\frac{1.12}{K_G}\right)^2\right)}\right]$$

➤ **Facteur de forme**

Le facteur de forme F_f (Horton, 1945) représente l'aire du bassin par rapport au carré de la longueur (L_b) du bassin:

$$F_f = \frac{A}{L_b^2}$$

La longueur (L_b) a été obtenue au moyen de l'outil de mesure de distance. Pour un bassin parfaitement circulaire, la valeur F_f est toujours <0,754. Plus la valeur diminue, plus la forme du bassin sera allongée. Les bassins à forte F_f ont débits de pointe élevés de courte durée.

➤ **Rapport d'élongation**

Le rapport d'élongation R_e (Schumm, 1956), correspond au rapport entre le diamètre d'un cercle possédant la même aire que le bassin versant et la longueur de ce dernier :

$$R_e = \frac{2\sqrt{A}}{L_b\sqrt{\pi}}$$

Strahler (1952) a classé le rapport d'élongation comme circulaire (0,9 à 1,0), ovale (0,8 à 0,9), à moins allongée (0,7 à 0,8), de forme allongée (0,5 à 0,7), et plus allongé (moins de 0,5).

➤ **Coefficient de circularité**

Le coefficient de circularité d'un bassin versant Rc (Miller, 1953) est le rapport entre l'aire A du bassin versant et l'aire d'un cercle ayant le même périmètre P que ce dernier.

$$R_c = \frac{4\pi A}{P^2}$$

Miller (1953) a décrit le coefficient de circularité entre 0,4 à 0,5, ce qui indique des matériaux géologiques homogènes fortement allongées et très perméables. Ce coefficient inférieur à 0,4, indique que le bassin est de forme allongée avec un faible écoulement et haute perméabilité du sous-sol. Le coefficient de circularité est utile pour l'évaluation des risques d'inondation.

➢ Longueur du talweg

La longueur du talweg le plus long L_T et la longueur totale de tous les talwegs L_{re} ont été obtenus de manière automatique au moyen du logiciel ArcGis.

a-2- Indices de volume

➢ Courbe hypsométrique

La courbe hypsométrique représente la répartition de la surface du bassin versant en fonction de son altitude (Musy et Higy, 2003). Elle est aussi le reflet de son état d'équilibre dynamique potentiel. En général, on ne s'intéresse pas à l'altitude moyenne mais plutôt à la dispersion des altitudes. Une analyse statistique du MNT, effectuée avec le logiciel Qgis, nous a permis de tracer la courbe hypsométrique. Elle porte en abscisse la surface A (en km² ou en % de la surface totale) du bassin et en ordonnée l'altitude absolue.

➢ Les altitudes caractéristiques

Les altitudes minimale Z_{min}, maximale Z_{max} et moyenne sont obtenues à partir de la courbe hypsométrique. L'altitude médiane correspond à l'altitude lue au point d'abscisse 50 % de la surface totale du bassin. Elle est obtenue aussi à partir de la courbe hypsométrique.

➢ Les indices de pente

Au regard de l'influence directe de la pente sur le ruissellement des eaux superficielles, les hydrologues travaillent avec des indices de pente, pour tenir compte des dénivellations de relief qui sont en contact avec la réponse hydrologique d'un bassin. L'objet de ces indices est de caractériser les pentes d'un bassin et de permettre des comparaisons et des classifications. On a : la pente moyenne I, l'indice de pente de Roche I_p, l'indice globale de pente I_g et la Dénivelée spécifique D_s (Laborde, 2007).

Pente moyenne

La pente moyenne I est une caractéristique importante qui renseigne sur la topographie du bassin. Elle donne une bonne indication sur le temps de parcours du ruissellement direct - donc sur le temps de concentration - et influence directement le débit de pointe lors d'une averse.

C'est un facteur moteur qui détermine la vitesse avec laquelle l'eau va s'écouler pour se rendre à l'exutoire.

La pente moyenne se calcule par le rapport entre la dénivellation maximale du bassin et sa longueur totale L :

$$I = \frac{Z_{max} - Z_{min}}{L} \text{ (en m/km)}$$

En effet, plus la pente est forte, plus la durée de concentration des eaux de ruissellement dans les affluents et le cours principal est faible, par conséquent le bassin réagira d'une façon rapide aux averses. Les pentes fortes à très fortes peuvent produire des écoulements de nature torrentielle, dans la partie amont du bassin qui sont à l'origine des crues dévastatrices sur la partie aval. Cependant les calculs ne prennent pas en compte la forme de la courbe hypsométrique. Pour y remédier, Roche (1963) développe l'indice de pente (Ip).

Indice de pente de Roche

L'indice de pente de Roche Ip traduit la forme générale de la déclivité de son bassin. Il est calculé après construction de la courbe hypsométrique du bassin qui donne le pourcentage de la superficie du bassin versant situé au-dessus d'une altitude donnée en fonction de cette même altitude. Puisque dans un bassin, la pente diminue de l'amont vers l'aval, l'indice Ip diminue lorsque la surface augmente. Ip est la moyenne de la racine carrée des pentes mesurées sur le rectangle équivalent, et pondérée par les surfaces. Il s'exprime par :

$$I_p = \frac{1}{\sqrt{L}} \sum_{n}^{1} \sqrt{a_i \times d_i}$$

a_i est la fraction en % de la surface totale du bassin comprise entre deux courbes de niveau voisines distantes de d_i et L, la longueur du rectangle équivalent. I_p se calcule à partir du rectangle équivalent.

Indice de pente globale

L'indice global de pente I_g est défini par le rapport :

$$I_g = \frac{D}{L}$$

où D est la dénivelée H_{95} - $H_{5\%}$, définie sur la courbe hypsométrique, L étant la longueur du rectangle équivalent. Cet indice est utilisé comme variable pour le calcul de la dénivelé spécifique.

Dénivelée spécifique

La dénivelée spécifique D_s est définie par la relation :

$$D_S = I_g \times \sqrt{A}$$

où I_g est exprimé en m/km, A en km² et D_s en m. Elle dérive de la pente globale I_g en la corrigeant de l'effet de surface étant inversement proportionnel à $\sqrt{A}$. Elle ne dépend pas donc que de l'hypsométrie et de la forme du bassin. Elle permet de classer le relief du bassin versant en se basant sur la classification de l'ORSTOM (Tableau 3).

Tableau 2 : Catégories de relief selon la classification de l'ORSTOM à partir de la Ds.

Classe	R1	R2	R3	R4	R5	R6	R7
Relief	Très faible	Faible	Assez faible	Modéré	Assez fort	Fort	Très fort
D_s	< 10	10 - 25	25 - 50	50 - 100	100 - 250	250 - 500	> 500

Source : Laborde, 2007.

➢ **Orientation**

L'orientation est donnée par la direction géographique, suivant la pente générale. Ce paramètre est très important, surtout dans l'étude du nombre d'heures d'ensoleillement, et représente le facteur principal dans le calcul de l'évaporation et de l'évapotranspiration. L'exposition donne l'orientation de la pente principale en chaque cellule. Elle résulte aussi du calcul du gradient mais c'est ici la direction et non pas l'intensité de la pente. Cette dernière est fournie par la carte d'aspect créée sous ArcGis grâce à l'extension Spatial Analyst.

➢ **Courbure**

La courbure £ de la pente est décrite comme étant convexe ou concave. Elle détermine l'écoulement de l'eau et le dépôt de matières. La courbure en plan indique la courbure de la surface perpendiculaire à la direction de la pente. La courbure (concavité / Convexité) est la dérivée seconde de la surface. Si elle est positive, elle indique une cellule convexe. Si elle est négative, elle indique une cellule concave. Et si elle est nulle la surface est plate.

$$£ = \omega - \emptyset$$

Avec ω le profil de courbure ; $\emptyset$ le plan de courbure. Le profil de courbure et le plan de courbure sont obtenus grace à l'extension Spatial Analyst sous ArcGis.

a-3- Indices de réseau

> **La topologie : Structure du réseau et ordre des cours d'eau**

La topologie est une branche des mathématiques qui ne s'attache pas à mesurer ou quantifier des objets géométriques mais s'intéresse à leurs propriétés géométriques qui sont indépendantes des compressions ou des étirements qu'ils peuvent subir (Peter, 1957 cité par Musy et Higy, 2003). Une façon univoque et simple de procéder à une classification topologique du réseau hydrographique est donnée par la méthode proposée initialement par Horton en 1945 puis modifiée par Strahler en 1964. Dans la méthode Strahler, toutes les liaisons sans affluents sont classées avec la valeur 1 et sont connus sous le nom du premier ordre.

L'ordre d'écoulement augmente lorsque des cours d'eau du même ordre se croisent. L'intersection de deux liaisons de premier ordre crée donc une liaison de deuxième ordre. L'intersection de deux liaisons de deuxième ordre crée une liaison de troisième ordre, et ainsi de suite. En revanche, l'intersection de deux liaisons d'ordres différents n'incrémente pas l'ordre. Par exemple, l'intersection d'une liaison de premier ordre et d'une liaison de deuxième ordre ne crée pas une liaison de troisième ordre, mais conserve l'ordre de la liaison le plus élevé.

La méthode de Strahler est la méthode de hiérarchisation d'écoulement choisie dans le cadre de l'étude. L'ordre du réseau hydrographique par la méthode de Strahler a été obtenu par l'extension Spatial Analyst sous ArcGis.

> **Profil en long et la pente moyenne du cours d'eau**

Un bassin se caractérise principalement par la longueur L_{cp} du cours d'eau principale L_{cp}. Elle est la distance curviligne depuis l'exutoire jusqu'à la ligne de partage des eaux, en suivant toujours le segment d'ordre le plus élevé lorsqu'il y a un embranchement et par extension du dernier jusqu'à la limite topographique du bassin versant. La longueur L_{cp} du bassin versant de la Yéwa a été obtenue de manière automatique sous ArcGis. Quant au profil en long, il a été obtenu grâce à l'extension 3D Analyst sous ArcGis. Le profil porte en abscisse la distance à l'exutoire, en ordonnée l'altitude du point correspondant.

Le calcul de la pente moyenne du cours d'eau s'effectue à partir du profil longitudinal du cours d'eau principal et de ses affluents. La pente moyenne P_{moy} du cours d'eau principale détermine la vitesse avec laquelle l'eau se rend à l'exutoire du bassin donc le débit. Cette variable influence donc le débit maximal observé. Une pente abrupte favorise et accélère l'écoulement superficiel, tandis qu'une pente douce ou nulle donne à l'eau le temps de s'infiltrer dans le sol. Le calcul des pentes moyennes et partielles du cours d'eau s'effectue à partir du profil longitudinal du cours d'eau principal et de ses affluents. La méthode pour calculer la pente longitudinale du cours d'eau consiste à diviser la différence d'altitude entre les points extrêmes du profil par la longueur totale du cours d'eau.

$$P_{moy} = \frac{\Delta_h}{L_{cp}}$$

où Δ_h : différence d'altitude maximale et minimale (m) ; L_{cp} longueur du cours d'eau principal (km).

> **Densité hydrographique**

La densité hydrographique F représente le nombre de canaux d'écoulement (cours d'eau) par unité de surface :

$$F = \frac{N_i}{A}$$

où N_i, le nombre de cours d'eau et A la superficie du bassin (km^2). N_i a été obtenu de manière automatique à partir du réseau hydrographique du bassin au moyen du logiciel ArcGis.

> **Rapport de bifurcation**

Sur la base de la classification des cours d'eau, Horton (1932) et Schumm (1956) ont établi différentes lois, qui sont aussi valables pour la méthode de classification de Strahler. La loi de Horton affirme que le nombre de cours d'eau d'ordre u, N_u, diminue géométriquement avec l'ordre des cours d'eau et a été obtenu à partir l'ordre du réseau hydrographique du bassin à l'aide de ArcGis. Le rapport de bifurcation (R_b) se calcul par la formule ci-après :

$$R_b = \frac{N_u}{N_{u+1}}$$

Le rapport de bifurcation varie généralement de 3,0 à 7.

a-4- Indices croisés

> **Densité de drainage**

La densité de drainage D_d, introduite par Horton (1932), est la longueur totale du réseau hydrographique (L_{cd}) par unité de surface du bassin versant :

$$D_d = \frac{\sum L_{cd}}{A}$$

La densité de drainage dépend de la géologie (structure et lithologie) des caractéristiques topographiques du bassin versant et, dans une certaine mesure, des conditions climatologiques et anthropiques. La densité de drainage est généralement un bon indicateur de la capacité d'infiltration et de la résistivité du sol à l'érosion. Une faible densité de drainage indique un sol fortement perméable, une végétation relativement dense et une pente faible. Contrairement à une densité de drainage élevée qui représente un sol peu perméable, une faible végétation et une forte pente (Horton, 1945). Schumm (1956), la valeur inverse de la densité de drainage, $C=1/D_d$, s'appelle « constante de stabilité du cours d'eau ». Physiquement, elle représente la surface du bassin nécessaire pour maintenir des conditions hydrologiques stables dans un vecteur hydrographique unitaire (section du réseau).

> **Fréquence des cours d'eau**

La fréquence des cours d'eau F_e représente le rapport du nombre de cours d'eau d'ordre 1 (N_{c1}) à la surface A du bassin versant d'étude. Elle se calcul par la formule :

$$F_e = \frac{N_{c1}}{A}$$

Strahler (1964) a classé la fréquence des cours d'eau comme très faible (0 à 1), faible (1 à 2), modérée (2 à 3), élevée (3 à 4).

> **Texture de drainage**

La texture de drainage T est le rapport du nombre de cours d'eau de tous les ordres par le périmètre P du bassin, soit :

$$T = \frac{N_i}{P}$$

La texture de drainage détermine l'espacement relatif entre les lignes de drainage dans un terrain disséqué par l'érosion. Elle dépend de plusieurs facteurs naturels, tels que le climat, les précipitations, le couvert végétal, la nature du sol, la capacité d'infiltration et le relief. Smith (1950 classe la texture comme grossière (0 à 4), intermédiaire (4 à 10), fine (10 à 15) et ultra fine (15 et +).

➢ Le temps de concentration (Tc)

Le temps de concentration (Tc) des eaux sur le bassin se définit comme la durée maximale nécessaire à une goutte d'eau pour parcourir le chemin hydrologique entre un point du bassin et l'exutoire. Pour son calcul, on a fait appel à la formule de Giandotti (Houbib, 2012) :

$$T_c = \frac{4\sqrt{A} + 1{,}5 L_{cp}}{0{,}8\sqrt{Z_{moy} - Z_{min}}}$$

Avec L_{cp} : longueur du cours d'eau principal et l'altitude moyenne : Z_{moy} et minnimale : Z_{min}. Théoriquement on estime que Tc est la durée comprise entre la fin de la pluie et la fin du ruissellement.

➢ Vitesse d'écoulement de l'eau (Ve)

Elle est donnée par l'expression suivante :

$$Ve = \frac{L_{cp}}{T_c}$$

Avec : L_{cp} : longueur du cours d'eau principal et T_c : le temps de concentration

➢ Rapport de relief

Le rapport de relief $R_{\Delta z}$ (Schumm, 1956) correspond au rapport entre la différence d'altitude Δ_z du bassin et la longueur L_b de ce dernier :

$$R_{\Delta z} = \frac{\Delta_z}{L_b}$$

Le rapport de relief permet une comparaison du relief relatif de n'importe quel bassin, peu importe l'échelle des valeurs d'altitude de ces derniers. Schumm (1956) montre que le rapport d'élongation et le rapport de relief sont inversement proportionnels : lorsque le rapport de relief est proche de 1, le bassin possède une forme allongée.

> **Coefficient de rugosité**

Le coefficient de rugosité C_r proposé par Melton (1965), représente le rapport entre la différence d'altitude (Δ_z) du bassin et la racine carré de la superficie A de ce dernier :

$$C_r = \frac{\Delta_z}{\sqrt{A}}$$

Ce paramètre est un indice de la topographie du territoire utilisé principalement pour caractériser les cônes de déjection. Il est utile pour la classification préliminaire des processus d'érosion dans les bassins sous des conditions climatiques humides des latitudes moyennes.

b) Les paramètres environnementaux

Afin d'établir une caractérisation hydro-géo-morphométrique du secteur d'étude, la morphologie du relief n'est pas suffisante. Il est nécessaire de tenir compte aussi des aspects environnementaux notamment les conditions climatiques, des caractéristiques pédologiques et géologiques ensuite l'occupation des sols (Laborde, 2007) (figure 11).

Les données climatiques collectées ont subi des traitements statistiques en vue d'en extraire les moyennes de précipitation, les températures maximales et minimales avec Microsoft Excel 2013.

La géologie et la pédologie d'un bassin versant sont des facteurs très importants du régime des cours d'eau qui drainent ce bassin (Depraetere et Lalubie, 2012). En période de crue, les volumes écoulés seront d'autant plus grands que le bassin sera plus imperméable. Les cartes géologiques et pédologiques ont été géoréférencées dans un premier temps. Les données étant de sources différentes, nous avons procédé à une harmonisation. Ensuite les informations sur la géologie et la pédologie du bassin ont été ensuite extraites par numérisation dans un environnement S.I.G.

La couverture du sol a une influence majeure sur les quantités d'eau disponibles pour l'écoulement de surface. En effet, l'évapotranspiration par les végétaux est très importante et varie selon la nature de la couverture (forêts, cultures, savane, etc.) (Ducrot, 2005). Les données récentes sur l'occupation du sol ont été obtenues par traitement numérique des images Landsat 8 - 2014. On procède avant tout au découpage des images, suivant les limites du bassin. Le traitement numérique des images a suivi les étapes suivantes : rehaussement du contraste et composition colorée, interprétation visuelle, classification supervisée, opération de post-classification et vectorisation.

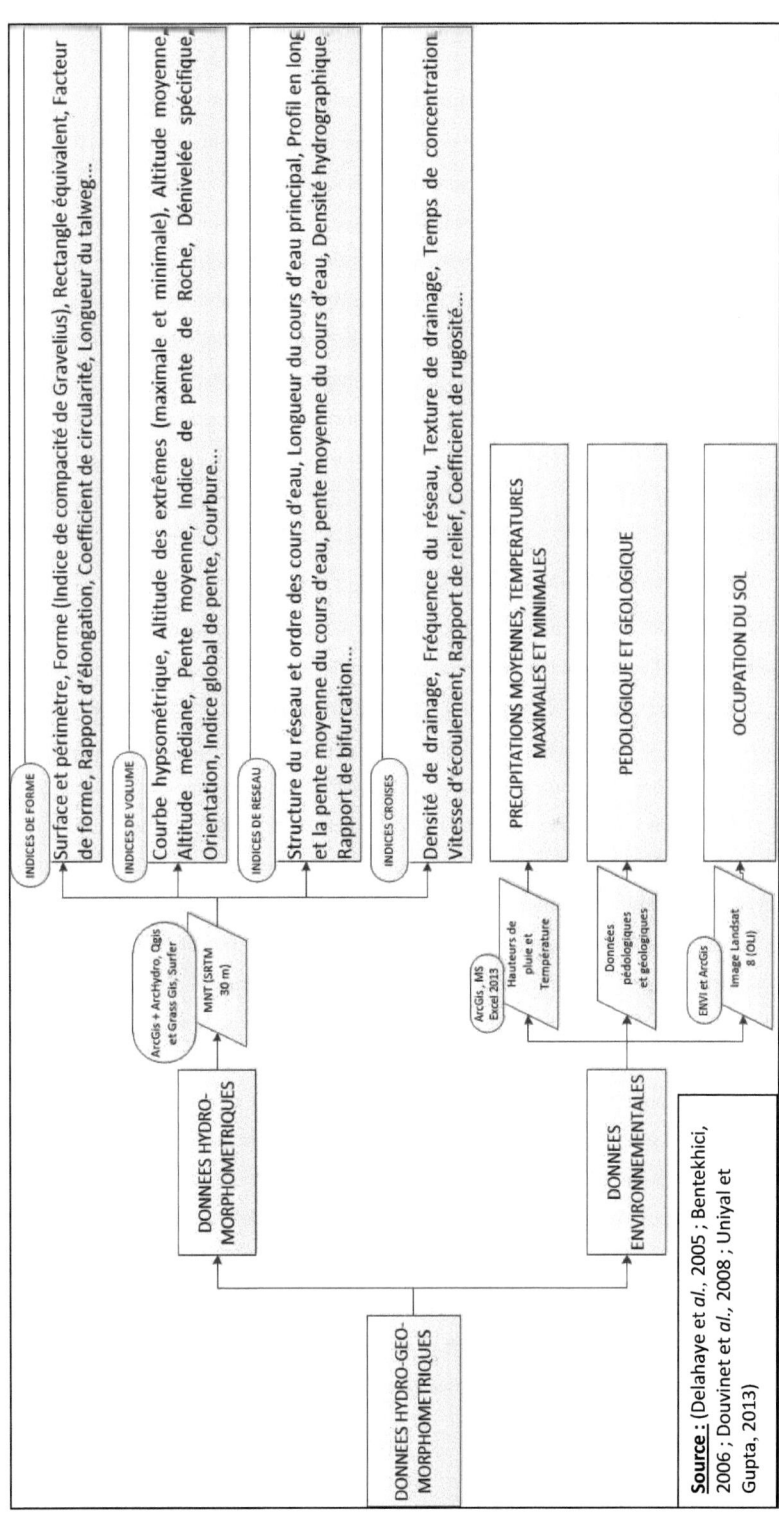

Figure 11 : Processus de détermination des paramètres hydro-géo-morphométriques

Source : (Delahaye et al., 2005 ; Bentekhici, 2006 ; Douvinet et al., 2008 ; Uniyal et Gupta, 2013)

3-2-2 Processus de simulation de l'érosion hydrique (SIMWE)

La modélisation de l'érosion hydrique est basée sur un modèle physique : SIMWE (Mitas et Mitasova, 1998). Le modèle SIMWE simule le ruissellement hydrologique et le transport des sédiments en utilisant une méthode d'échantillonnage. SIMWE est un modèle à deux résultats (érosion / dépôt) conçu pour les systèmes complexes. Il décrit avec précision les processus d'érosion, de transport et de dépôt dans des conditions variables dans l'espace. Dans le cadre du travail, le SIG Open Source - Grass a été utilisé pour la modélisation avec ses modules *r.sim.water*, *r.sim.sediment*, *et r.slope.aspect*, *r.mapcalc et v.to.rast*. Les deux modules, *r.sim.water* pour simuler l'écoulement de l'eau de surface et *r.sim.sediment* pour la simulation du transport des sédiments représente les deux grandes étapes de la modélisation (Mitasova et *al.*, 1997). (figure 12).

a) Simulation de l'écoulement de l'eau

La simulation de l'écoulement de l'eau (*r.sim.water*) est un modèle de simulation du ruissellement à l'échelle du paysage conçu pour les terrains et variables en fonction de paramètres tels que, le sol, la couverture et les conditions de précipitations excédentaires. Les données d'entrée comprennent : un modèle numérique de terrain, un gradient directionnel de débit, le taux de précipitation excédentaire, et le coefficient de rugosité de Manning (Mitasova et *al.*, 1997). Trois paramètres permettent de contrôler la simulation : le nombre de walkers, le nombre d'itérations et la diffusion. La simulation comprend un nombre d'itérations pour estimer la densité de probabilité de la variable de sortie du modèle. L'itération consiste en la répétition d'une séquence d'instructions, ou d'une partie de programme, un nombre de fois fixé à l'avance, dans le but de reprendre un traitement sur des données différentes. Le nombre d'itérations contrôle la durée de l'événement simulé. Dans le cas de ce modèle, le nombre d'itération est 15 qui correspond à une année. Le walker représente la taille de la fenêtre glissante qui représente ici le double du nombre de pixels (avec une résolution spatiale de 30m). Le walker représente l'élément pour lequelle le modèle SIMWE calcule la direction de déplacement de particules pendant une itération, en fonction de la configuration du relief. La diffusion tend à lisser les résultats du modèle (Mitas et Mitasova, 1998). Dans notre modèle, ce paramètre a été laissé par défaut. Nous avons :

- **Les gradients directionnels de débit (dx et dy)** donné par le premier ordre de dérivées partielles de dx / dz et dy / dz. Les dérivées partielles sont déterminées grâce au gradient de débit de surface, la direction et le débit d'eau. Le gradient de débit a été calculé en utilisant le module *r.slope.aspect* avec MNT comme donnée d'entrée.

- **Taux de précipitations excédentaires** (T_{pe}) est estimé par :

$$T_{pe} = hauteurs\ de\ pluie\ - infiltration\ - facteur\ C$$

l; où les hauteurs de pluie sont obtenues grâce aux stations couvrant la zone d'étude, l'infiltration a été calculé à partir du module *r.mapcalc* basée sur les données pédologiques et les travaux d'Azontondé (1991) sur la texture et les valeurs du taux d'infiltration des sols béninois. Le facteur C a été déduit de la carte d'occupation du sol et de la table de référence fournie par Roose (1977). Ce paramètre influe sur la grandeur des taux d'érosion / dépôt. Plus les excédents de précipitations augmentent, plus les taux d'érosion et de dépôt augmentent. Mais il n'influe pas sur la répartition spatiale des processus d'ablation et d'accumulation. Les données pluviométriques ont été recueillies à partir des quatorze (14) stations localisées au niveau du bassin et ont été ensuite interpolé par la méthode de Krigeage dans le SIG ArcGis.

- **Coefficient de rugosité de surface de Manning (n)** influe sur la vitesse du courant et des flux de sédiments. La détermination de ce coefficient dépend de la couverture du sol et de la pédologie. Les valeurs de ce paramètre ont été obtenues à partir d'expériences et sont disponibles dans le guide pratique d'aménagement des bassins versant fourni par la FAO (1994). La variation de la rugosité de la surface change la configuration spatiale de l'érosion et de la sédimentation.

b) Simulation des transports de sédiment

La simulation de transport de sédiment (*r.sim.sediment*) est un modèle de simulation du transport des sédiments et des dépôts liés à l'érosion hydrique. Elle a été conçu pour les terrains variable dans l'espace en fonction de paramètres tels que le sol, et l'occupation du sol. Le modèle de l'érosion des sols est basé sur le modèle WEPP de l'érosion des versants. Les données d'entrée comprennent : le modèle numérique de terrain, le gradient directionnel de débit, le profondeur de ruissellement, la capacité de détachement, la capacité de transport, la contrainte de cisaillement critique et le coefficient de rugosité de surface de Manning (Mitasova et *al.*, 1997) (figure 12).

- **Profondeur de ruissellement** est extraite des résultats de la simulation de l'écoulement de l'eau par le module de *r.sim.water*

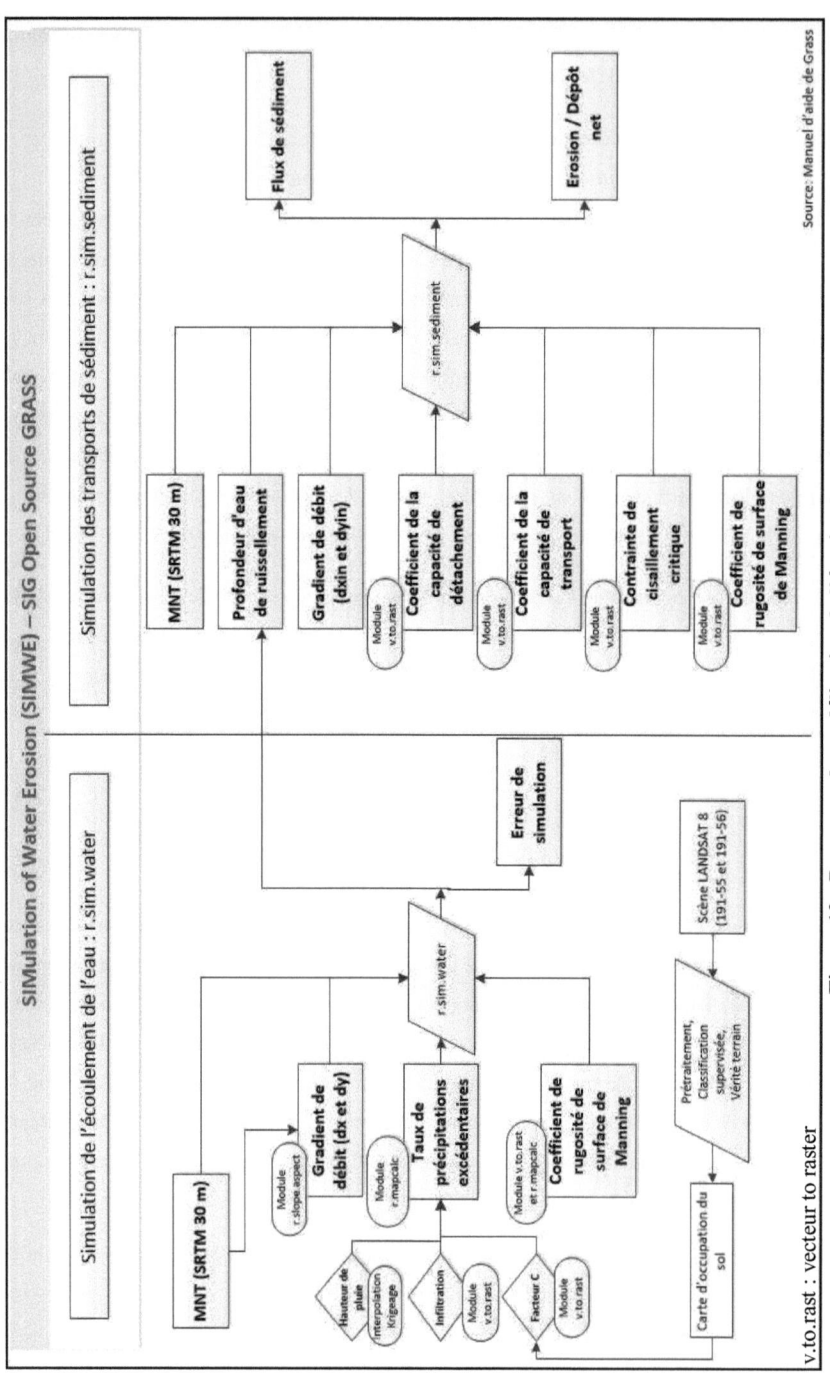

Figure 12 : Processus de modélisation de l'érosion hydrique

- **Coefficient de la capacité de détachement (érodibilité K)** est une mesure de la sensibilité du sol au détachement de particule causé par le ruissellement. La modification des valeurs de l'érodibilité modifie la répartition spatiale de l'érosion et de dépôt, mais l'impact sur l'ampleur de la charge de sédiments dans les cours d'eau est faible. Les valeurs d'érodibilité K de chaque type de sol ont été extraites des travaux d'Azontonde (1991). Ces valeurs varient entre 0 et 1. L'auteur a abordé de manière suffisante et précise les différentes valeurs de K pour les sols de la zone d'étude. Et a donc établi l'indice d'érosivité des sols rencontrés au Bénin. Il s'est basé sur les cinq grands types de sols et leur structure. En utilisant la méthode d'écrite par Wischmeier, l'auteur a calculé l'indice de chacun de ces différents sols.

- **Coefficient de la capacité de transport (k_t)** : C'est une mesure de la capacité de l'écoulement de l'eau à transporter les particules de sédiment. Il est fonction des propriétés du sol, mais peut aussi être influencé par la végétation. Ce paramètre a un impact profond sur le processus d'érosion, car il influence aussi bien la distribution spatiale et l'ampleur des flux de sédiments et le taux d'érosion / dépôt. La capacité de transport pour les processus d'érosion décrit la capacité de ruissellement à transporter des sédiments. Les valeurs du coefficient sont disponibles dans le manuel d'utilisation du modèle WEPP (Flanagan et Nearing, 1995).

- **Contrainte de cisaillement critique (t_c)** représente la résistance du sol aux forces de cisaillement liées au ruissellement. Elle est fonction des caractéristiques pédologiques et de l'occupation du sol dans le milieu. Ce paramètre a un impact sur la tendance des taux d'érosion / de dépôt. Ce paramètre peut réduire l'étendue spatiale de l'érosion et peut aussi augmenter l'amplitude des taux d'érosion sur les pentes raides et dans les zones où les flux de sédiments sont concentrés. Les valeurs du coefficient sont disponibles dans le manuel d'utilisation du modèle WEPP (Flanagan et Nearing, 1995).

- **Coefficient de rugosité de surface de Manning (n)**

Ce facteur est le même qu'au niveau de la première partie (r.sim.water) de la simulation.

3-2-3 Indentification des unités spatiales les plus exposées

Les différentes couches (Occupation du sol, Erosion / Déposition de sédiments) sont superposées. Des analyses spatiales de superposition ont été effectuées dans le but d'obtenir les unités spatiales les plus exposées par ce risque naturel. Le résultat obtenu est une carte des unités spatiales les plus exposées. Les seuils d'exposition aux risques sont classés par degré.

La nomenclature des seuils d'exposition au risque d'érosion et de dépôt développé par USDA (1995) a été utilisée à cet effet (Tableau 3)

Tableau 3 : Classement des risques et dépôts (USDA, 1995)

Classement	Description
< -50	Erosion très sévère
-50 à -5	Erosion sévère
-5 à -1	Erosion modérée
-1 à -0.1	Erosion faible
-0.1 à 0.1	Stable
0.1 à 1	Faible dépôt
1 à 5	Dépôt modéré
5 à 50	Dépôt élevé
> 50	Dépôt très élevé

La démarche méthodologique adoptée a permis d'aboutir aux résultats présentés dans le chapitre suivant.

CHAPITRE IV :
RESULTATS ET DISCUSSION

CHAPITRE IV : RESULTATS ET DISCUSSION

Ce chapitre présente les résultats de l'analyse hydro-géo-morphométrique, de l'évaluation de la susceptibilité des sols à l'érosion hydrique et l'indentification des zones les plus exposées dans le bassin de la Yéwa.

4-1 Analyse hydro-géo-morphométrique du bassin de la Yéwa

4-1-1- Paramètres hydro-morphométriques

Les paramètres hydro-morphométriques ont été conçus afin d'estimer dans quelle mesure la morphologie d'un bassin versant (allongement, compacité, circularité, etc.) influençait le régime des cours d'eau, ou si des lois d'organisation comme l'encaissement ou la distribution des réseaux régissaient l'organisation d'un bassin versant. L'utilisation des différents indices ou paramètres hydro-morphométriques présente un résultat très indispensable, et ce afin de caractériser l'environnement physique et leur influence sur l'écoulement superficiel.

a) Indices de forme

➢ **Surface et périmètre**

Le bassin versant de la Yéwa couvre une superficie (A) de 5752 km² et un périmètre (P) de 552 km.

➢ **Forme (Indice de compacité de Gravelius)**

L'indice de compacité de Gravelius (K_G) du bassin est 2,03. Il présente donc une forme allongée, qui induit de faibles débits de pointe en raison des temps d'acheminement de l'eau à l'exutoire plus important.

➢ **Rectangle équivalent**

La longueur (L) du rectangle équivalent est 233,083 km et la largeur (l) est 24,677 km

➢ **Facteur de forme**

le facteur de forme F_f du bassin est 0,287 avec la longueur du bassin L_b = 141,55 km. Ce qui indique que le bassin est de forme allongée et présente un débit faible donc un écoulement de plus longue durée.

➢ **Rapport d'élongation**

Le rapport d'élongation (Re) du bassin de la Yéwa est 0,604. Ce qui indique que le bassin versant de la Yéwa a une forme allongé. Cette forme allongée du bassin ne le prédispose pas à un écoulement rapide ou violent comme les torrents. Ainsi, il présente un faible débit de pointe et par conséquent, une faible tendance à l'érosion.

➢ **Coefficient de circularité**

Le coefficient de circularité d'un bassin versant est Rc = 0,237. Ce coefficient étant inférieur à 0,4, indique que le bassin est de forme allongée avec un faible écoulement et haute perméabilité du sous-sol.

➢ **Longueur du talweg**

La longueur du talweg le plus long L_T et la longueur totale de tous les talwegs L_{re} valent respectivement : L_T = 174,28 km et L_{re} = 2153,30 km.

b) Indices de volume

➢ **Courbe hypsométrique et les altitudes caractéristiques**

La figure 13 présente la courbe hypsométrique du bassin de la Yéwa. Elle porte en abscisse la surface A (en km^2 ou en % de la surface totale) du bassin qui se trouve au-dessus (ou au-dessous) de l'altitude représentée en ordonnée.

Cette courbe traduit la répartition des altitudes à l'intérieur du bassin et permet en outre de déterminer les altitudes maximales, minimales, moyenne et médiane. La courbe du bassin est concave ce qui indique que la majeure partie du bassin à une altitude relativement basse. Une forte quantité de matériaux est retiré des zones plus élevées et sont transportées complètement hors du bassin. Une courbe concave indique que des processus linéaires, fluviaux, et alluviaux sont dominants. Elle donne des indications sur le comportement hydrologique et hydraulique du bassin et de son système de drainage (figure 14).

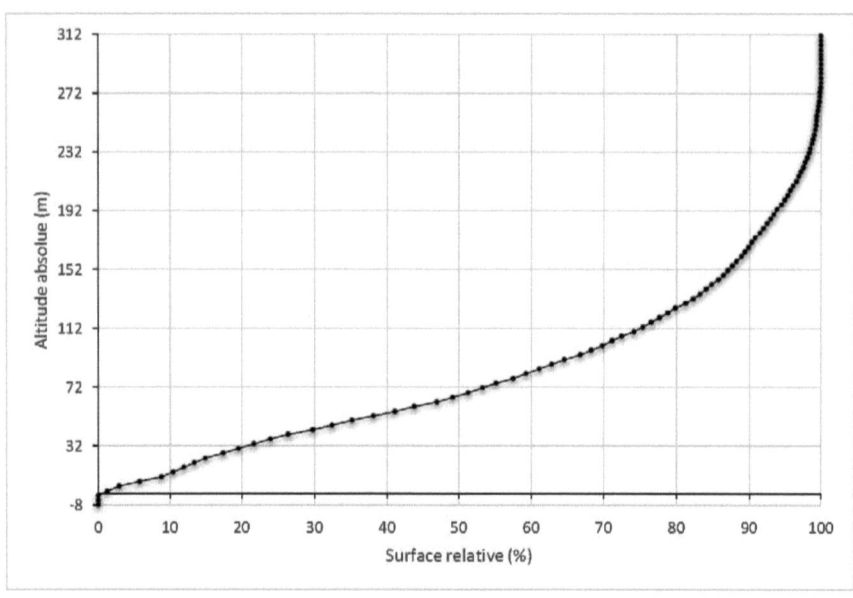

Figure 13 : Courbe hypsométrique du bassin de la Yéwa

Source : SRTM MNT, 2014

Dans l'optique de décrire le bassin versant mais aussi de comprendre son comportement hydrologique, l'altimétrie joue un rôle essentiel puisque la force motrice des écoulements de surface est gravitaire. L'altitude du bassin versant joue un rôle sur le contrôle des sollicitations (précipitations) de par sa relation avec les conditions climatiques du milieu (Musy et Higy, 2003). L'altitude maximale représente le point le plus élevé du bassin tandis que l'altitude minimale considère le point le plus bas, généralement à l'exutoire. Le relief du basisn a une altitude minimale Z_{min} = -8 m, une altitude moyenne Z_{moy} = 80,39 m et une altitude maximale Z_{max} = 311 m. L'altitude médiane se rapproche de l'altitude moyenne, dans le cas où la courbe hypsométrique du bassin concerné présente une pente régulière. L'altitude médiane du bassin est de 67 m.

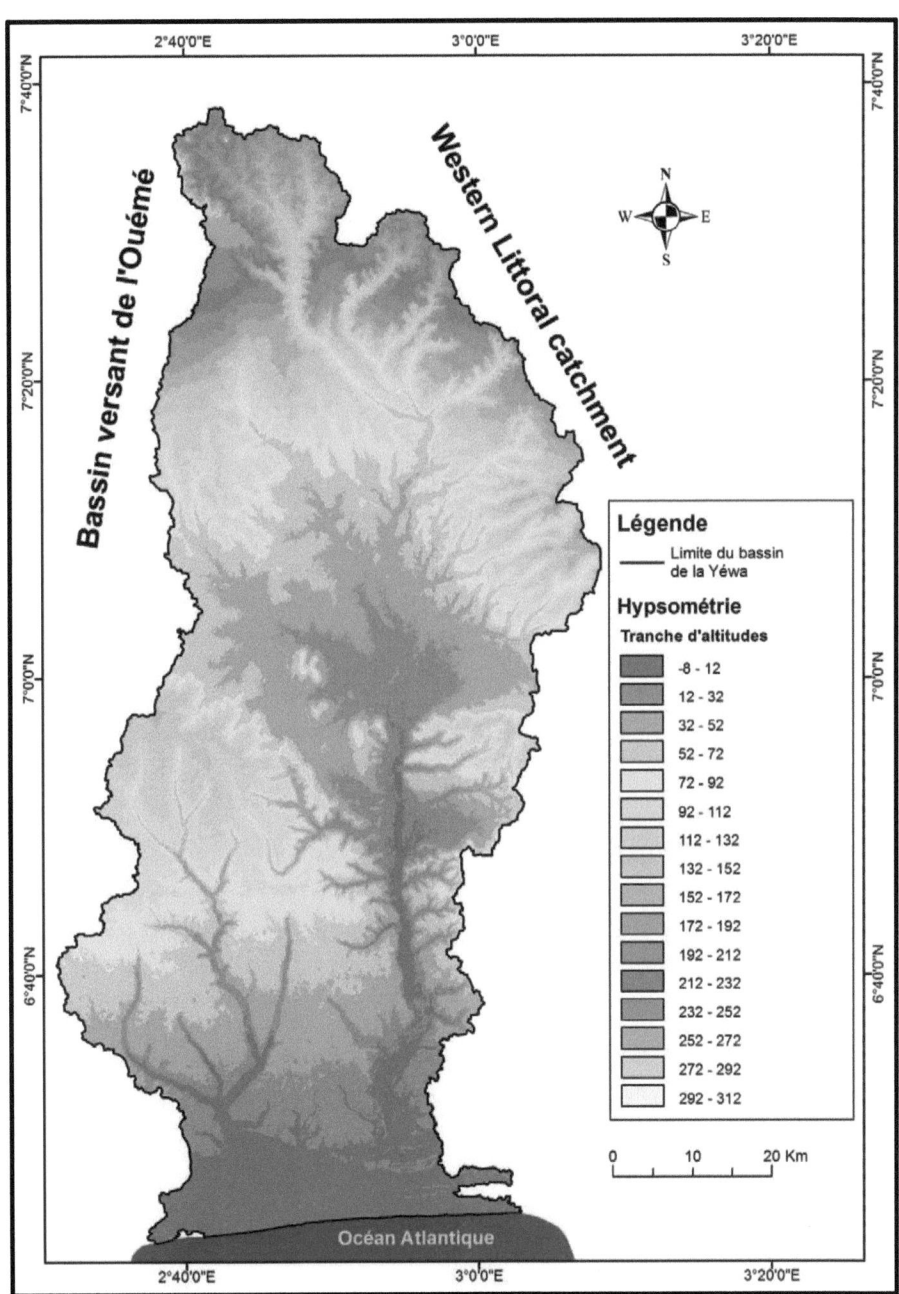

Figure 14 : Hypsométrie du bassin de la Yéwa

➢ Les indices de pente

Pente moyenne

La pente moyenne du bassin est égale à : 1,37 m/km.

Indice de pente de Roche

L'indice de pente I_p de Roche est calculé à partir des valeurs du tableau 3.

Tableau 4 : Valeur des différentes variables de l'équation de l'Indice de pente de Roche

Altitude	a_i	d_i (m)	$a_i \times d_i$	$\sqrt{a_i \times d_i}$
-8 - 12	0,0905	20	1,81	1,345362405
12 - 32	0,1156	20	2,312	1,520526225
32 - 52	0,1656	20	3,312	1,819890107
52 - 72	0,1524	20	3,048	1,745852227
72 - 92	0,119	20	2,38	1,542724862
92 - 112	0,1047	20	2,094	1,447065997
112 - 132	0,0714	20	1,428	1,19498954
132 - 152	0,0524	20	1,048	1,023718711
152 - 172	0,031	20	0,62	0,787400787
172 - 192	0,0333	20	0,666	0,816088231
192 - 212	0,03	20	0,6	0,774596669
212 - 232	0,0175	20	0,35	0,591607978
232 - 252	0,0095	20	0,19	0,435889894
252 - 272	0,0071	20	0,142	0,376828874
272 - 292	0,0002	20	0,004	0,063245553
292 - 312	0	20	0	0

a_i est la fraction en % de la surface totale du bassin comprise entre deux courbes de niveau voisines distantes de d_i. L'indice de pente de Roche du bassin est : I_p = 1,014. Les valeurs de la pente dans le bassin versant extraits du MNT sont illustrées dans la figure 15.

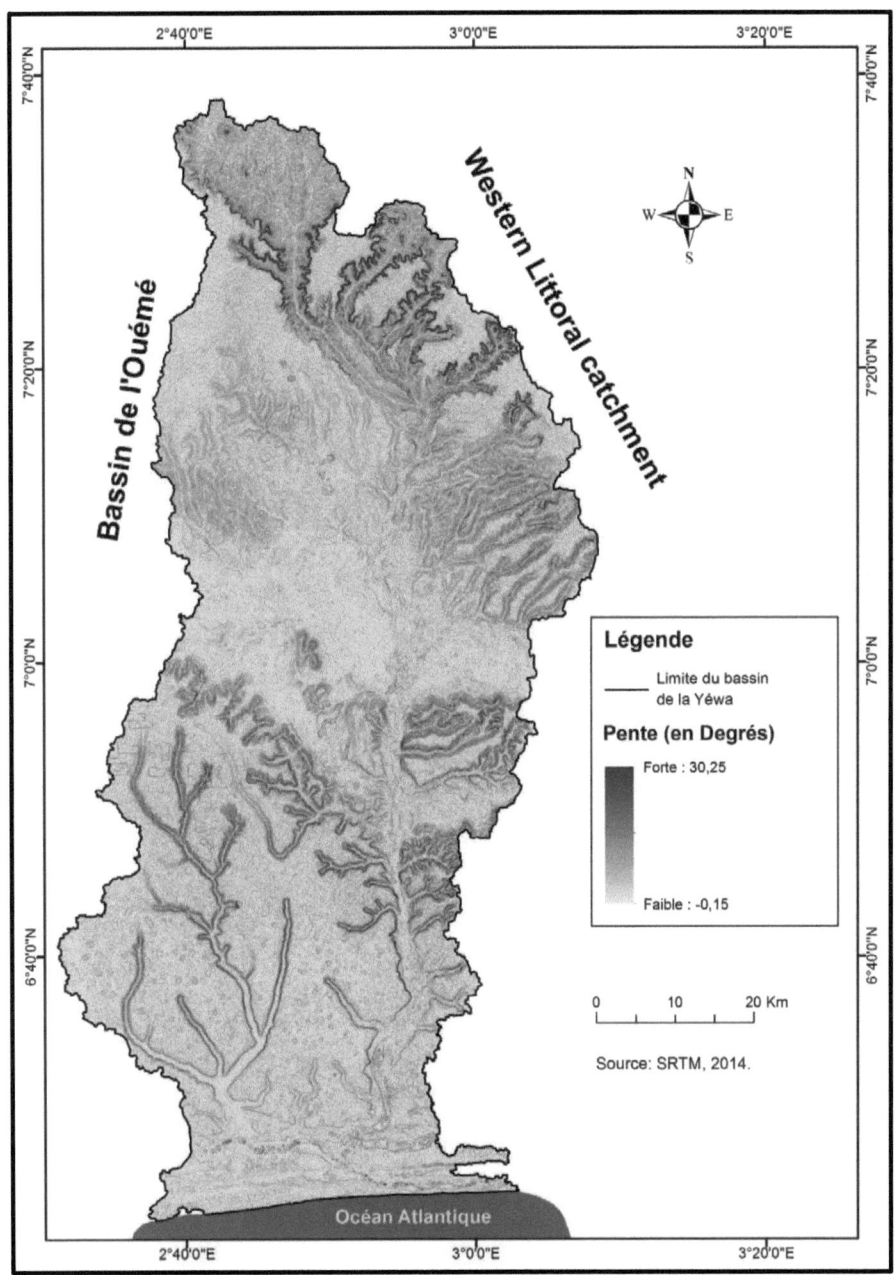

Figure 15 : Valeurs de la Pente dans le bassin de la Yéwa

Indice globale de pente

L'indice global de pente du bassin $I_g = 0,823$ m/km (avec $D = H_{95} - H_{5\%} = 199 - 7 = 192$ m). Cet indice reste en général assez voisin de la pente moyenne du bassin.

Dénivelée spécifique

La dénivelée spécifique D_s du bassin est de 62,417 m. Ce qui correspond d'après la classification de l'ORSTOM à un relief modéré (altitude relativement moyenne).

➢ **Orientation**

L'orientation du relief du bassin est illustrée par la figure 16. Le codage de l'exposition est en degré par rapport au Nord géographique (fixé à Zéro) dans le sens des aiguilles d'une montre. Les zones planes sont fixées à -1, les zones Nord sont à 0° et 360°, les zones Nord-Est à 45°, la zones Est à 90°, les zones Sud-Est à 135°, les zones Sud à 180°, la zone Sud-Ouest à 225°, les zones Ouest à 270° et les zones Nord-Ouest de 315°.

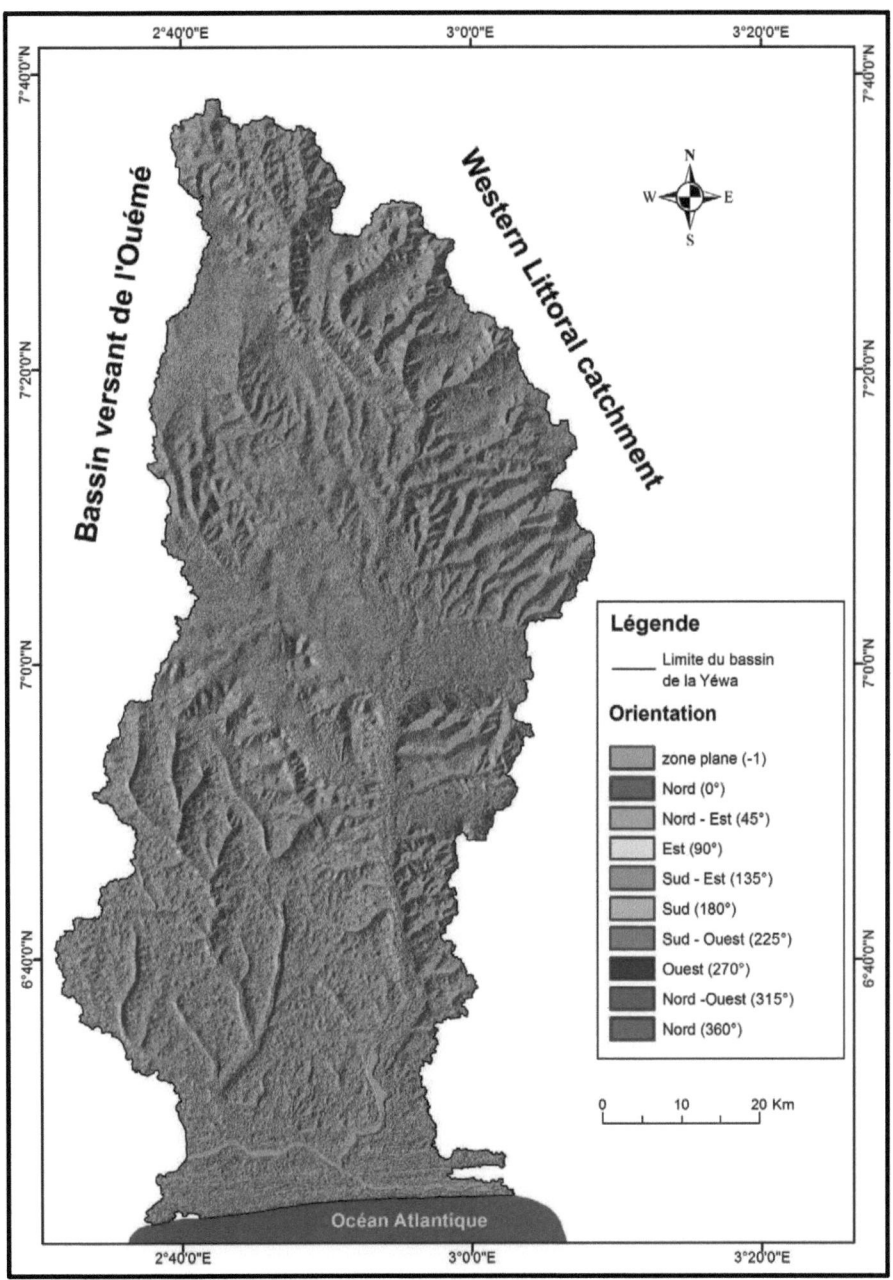

Figure 16 : Orientation du relief dans le bassin de la Yéwa

> **Courbure**

La courbure £ de la pente est illustrée par la figure 17 qui représente le résultat de l'indice de concavité et de convexité du bassin de la Yéwa. La majeure partie de la zone d'étude présente une surface plate. Les parties concaves sont des surfaces présentant des creux alors que celles convexes présentent une courbure en saillie qui est arrondi en dehors.

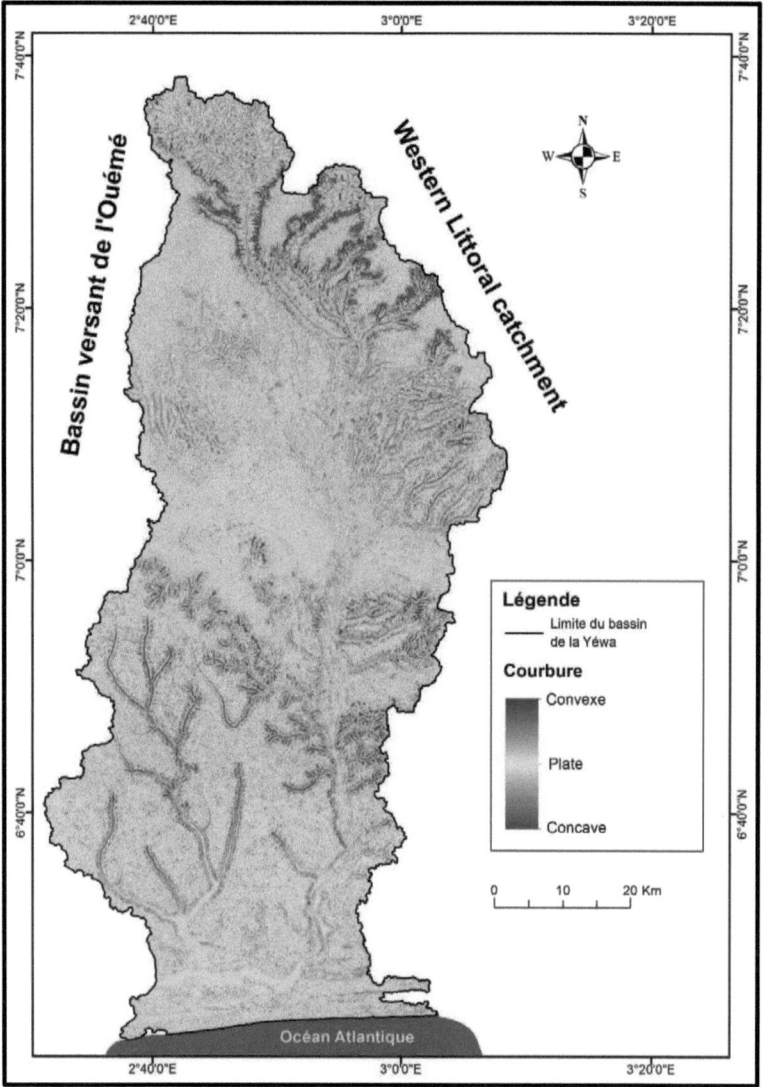

Figure 17 : Courbure du relief dans le bassin de la Yéwa

c) Indices de réseau

Le réseau hydrographique du bassin de la Yéwa est constitué d'un cours d'eau principal appelé rivière Yéwa alimenté par plusieurs affluents. Divers paramètres descriptifs sont utilisés pour définir le réseau hydrographique.

> **La topologie : Structure du réseau et ordre des cours d'eau**

La structure du réseau et l'ordre des cours d'eau est présentée par la figure 18. La méthode de Strahler est la méthode de hiérarchisation d'écoulement utilisé.

Une caractéristique importante du réseau hydrographique est le type de drainage qui s'y produit. Le bassin de la Yéwa a un drainage de type exoréique et d'ordre 6. Ce type de drainage correspond au fait que tout écoulement aboutit à l'océan.

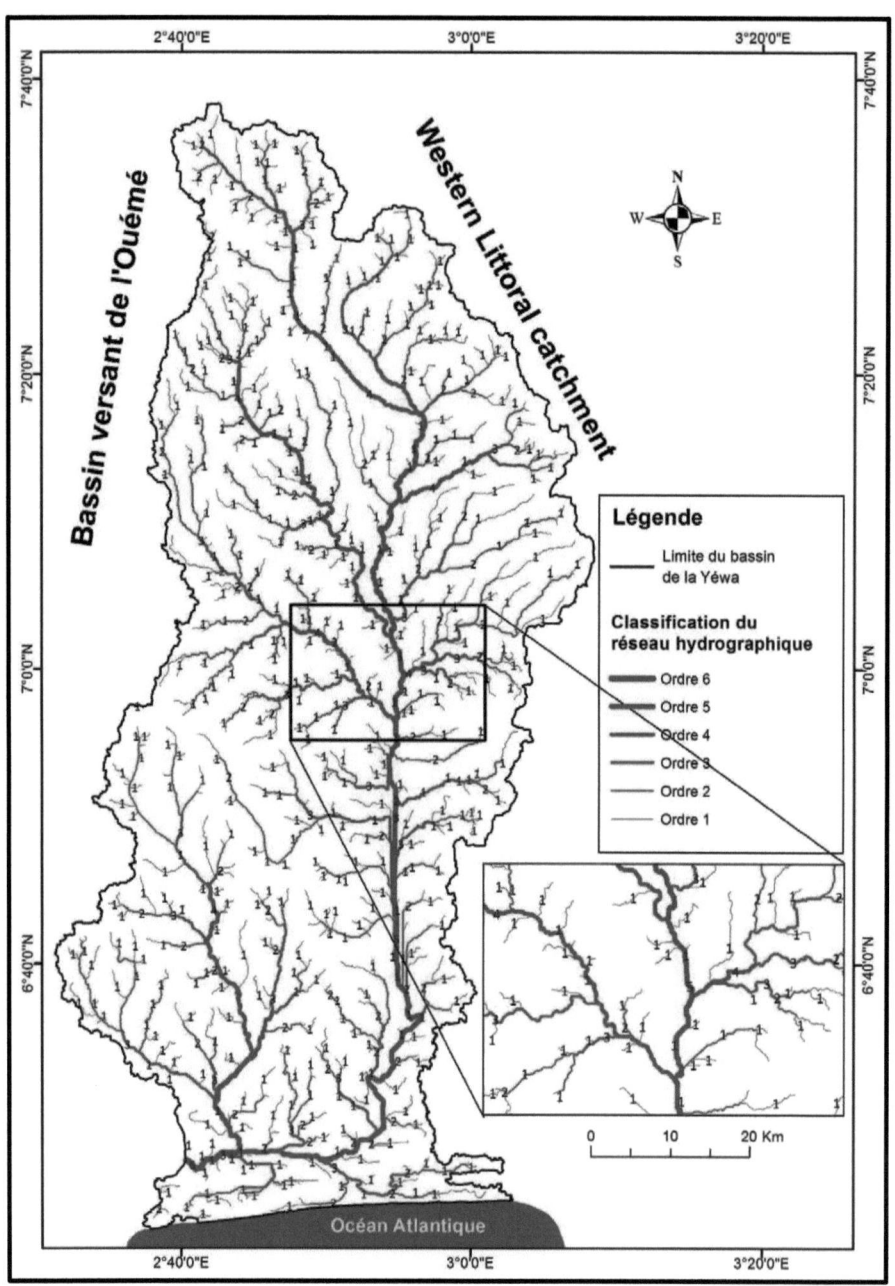

Figure 18 : Classification du réseau hydrographique selon la méthode de Strahler (1964)

> **Profil en long et la pente moyenne du cours d'eau**

La longueur du cours d'eau principale L_{cp} du bassin versant de la Yéwa est : 178 km.

Le profil longitudinal du bassin est schématisé sur la figure 19. Pour obtenir le profil en long, on porte sur le graphique, en abscisse la distance à l'exutoire, en ordonnée l'altitude du point correspondant. La pente moyenne du cours d'eau principal P_{moy} = 1,42 m/km.

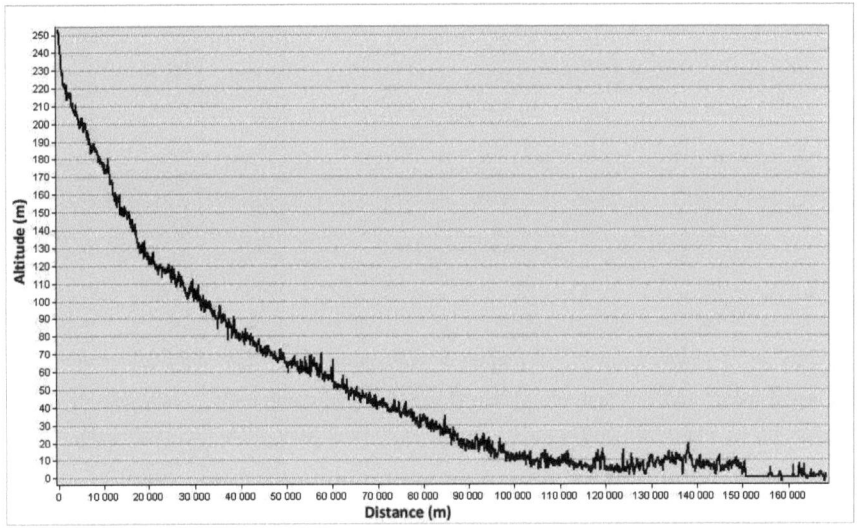

Figure 19 : Profil en long du cours d'eau principal du bassin de la Yéwa

> **Densité hydrographique**

La densité hydrographique F du bassin de la Yéwa est : 0,23 km^{-2}.

➢ **Rapport de bifurcation**

Les différentes valeurs du rapport de bifurcation R_b par ordre de cours d'eau sont présentées dans le tableau 5.

Tableau 5 : Rapport de bifurcation du bassin de la Yéwa

Ordre de cours d'eau	Nombre	R_b
1	681	-
2	344	1,98
3	155	2,22
4	39	3,97
5	6	6.5
6	1	6

L'analyse du tableau 5 permet d'observer les différents ordres de cours d'eau, le nombre de cours d'eau de chaque ordre et leur rapport de bifurcation. Les valeurs plus élevées de R_b dans le bassin indique un fort contrôle structural sur le réseau de drainage, tandis que les valeurs inférieures sont révélatrices de bassin qui n'est pas affecté par les perturbations structurelles.

d) Indices croisés

➢ **Densité de drainage**

La densité de drainage D_d, au niveau du bassin de la Yéwa est égale à 0,50 km/km² et sa constante de stabilité à 2,05. Avec une faible densité de drainage et une faible densité hydrographique, le bassin a donc un substratum très perméable, avec un couvert végétal dense et un relief peu accentué.

➢ **Fréquence des cours d'eau**

La fréquence des cours d'eau F_e du bassin est : $F_e = 0{,}12$. D'après cette valeur on peut déduire que le bassin présente une fréquence très faible. Le bassin présente donc un réseau hydrographique à hiérarchisation moyenne. Ce qui indique une forte perméabilité et porosité des sols, une végétation dense, un faible ruissellement et une importante recharge d'eau souterraine.

> **Texture de drainage**

La texture de drainage T du bassin est : T = 2,443. Ce qui indique que la texture de drainage est grossière. De cela on peut déduire que le bassin est doté un sol perméable et une végétation dense.

> **Le temps de concentration (Tc)**

Le temps de concentration (Tc) des eaux sur le bassin est de 75,84h. Elle représente la durée comprise entre la fin de la pluie et la fin du ruissellement.

> **Vitesse d'écoulement de l'eau (Ve)**

La vitesse d'écoulement de l'eau (Ve) dans le bassin de la Yéwa est estimée à 2,34 m/s.

> **Rapport de relief**

Le rapport de relief $R_{\Delta z}$ est : $R_{\Delta z}$ = 2,25. La valeur du rapport de releif étant proche de 1, on peut déduire que le bassin de la Yéwa possède une forme allongée.

> **Coefficient de rugosité**

Le coefficient de rugosité C_r du bassin est : C_r = 4,21
Cette valeur est utile pour la classification préliminaire des processus d'érosion dans le bassin sous des conditions climatiques humides.

Pour conclure on a résumé sur le tableau récapitulatif suivant les caractéristiques hydro-morphométriques du bassin versant de la Yéwa :

Tableau 6 : Récapitulatif des caractéristiques hydro-morphométriques

INDICES	PARAMETRES HYDRO-MORPHOMETRIQUES	RESULTATS
	Surface et périmètre	A = 5752 km² et P = 552 km
	Forme (Indice de compacité de Gravelius)	K_G = 2,03
INDICES DE FORME	Rectangle équivalent	L = 233,083 km et l = 24,677 km
	Facteur de forme	F_f = 0.287
	Rapport d'élongation	Re = 0.604
	Coefficient de circularité	Rc = 0.237
	Longueur du talweg le plus long, longueur totale de tous les talwegs	L_T = 174,28 km et L_{re} = 2153,30 km
	Courbe hypsométrique	Figure 13 et 14
	Altitude des extrêmes (maximale et minimale)	Z_{min} = -8 m, Z_{max} = 311 m
	Altitude moyenne	Z_{moy} = 80,39 m
	Altitude médiane	67 m
INDICES DE VOLUME	Pente moyenne	I = 1,37 m/km
	Indice de pente de Roche	I_p = 1,014 - Figure 15
	Dénivelée spécifique	D_s = 62,417 m
	Orientation	Figure 16
	Indice global de pente	I_g = 0,823 m/km
	Courbure	Figure 17
	Structure du réseau et ordre des cours d'eau	Figure 18
	Longueur du cours d'eau principal	L_{cp} = 178 km
INDICES DE RESEAU	Profil en long et la pente moyenne du cours d'eau	Figure 19
	La pente moyenne du cours d'eau	P_{moy} = 1,42 m/km
	Densité hydrographique	F = 0,23 km^{-2}
	Rapport de bifurcation	Tableau 5

INDICES CROISES	Densité de drainage	$D_d = 0,50$ km/km^2
	Fréquence du réseau	$F_e = 0,12$
	Texture de drainage	$T = 2,443$
	Temps de concentration	$T_c = 75,84$h
	Vitesse d'écoulement de l'eau	$V_e = 2,34$ m/s
	Rapport de relief	$R_{\Delta z} = 2,25$
	Coefficient de rugosité	$C_r = 4,21$

Le tableau 6 présente les résultats des différents paramètres hydro-morphométriques. On compte 07 indices de forme, 10 indices de volume, 06 indices de réseau et 07 indices de croisés. Au total on distingue 5 paramètres illustrés en figures et un paramètre en tableau de valeurs.

Les paramètres hydro-morphométriques étant obtenus, on procède ensuite au calcul des paramètres environnementaux du bassin de la Yéwa.

4-1-2 Paramètres environnementaux

La structure du réseau hydrographique est très variée d'un bassin à l'autre, elle dépend de la combinaison de nombreux facteurs. Dans le cas du bassin de la Yéwa, nous présentons ici les facteurs tels que le climat, la géologie et la pédologie, et l'occupation du sol.

a) Climat

L'ensemble du bassin drainé par la rivière Yéwa est soumis à un climat subéquatorial avec deux saisons pluvieuses qui alternent avec deux saisons sèches. Quatorze stations climatiques sont localisées au niveau la zone d'étude. La durée de la simulation de l'érosion hydrique est d'une échelle de temps d'un an. Ici l'année la plus récente (2014) a été utilisée à cet effet. La température minimale moyenne est d'environ 21,87°. La température maximale moyenne est d'environ 32,90°C. En cette année la précipitation totale annuelle était comprise entre 897 et 1718 mm (figure 20). Au niveau de la station de Pobè, on a relevé 789mm, Porto-Novo 1011mm, Sakété 1156mm, Adjohoun 981mm, Cotonou-Port 1396, Bonou 1072, Kétou 1109mm, Okpara 929mm et Sème 1205mm de pluie). On a observé du coté nigérian, 2014mm à Abeokuta, 1944 à Lagos oshodo, 1401mm à Lagos/Ikeja, 1353mm, 1822mm et 1917mm à Badagry.

b) Géologie et pédologie

La lithologie joue un rôle important sur le ruissellement, l'infiltration, l'érosion et le transport solide. La géologie du Substratum influe directement sur les ruissellements de surface, sur l'écoulement souterrain et à la perméabilité des terrains traversés. Elle gouverne aussi les fluctuations piézométriques des nappes phréatiques et profondes (Dubreuil, 1966). Sur le plan géologique, le bassin versant de la Yéwa est composé de faciès très diversifiés, d'âge compris entre le Précambrien et le Quartenaire.

La nature du sol intervient dans la vitesse de montée des crues et le volume des écoulements. En effet, le taux d'infiltration, la capacité de rétention, les pertes initiales, le coefficient de ruissellement sont fonctions de la pédologie et l'épaisseur du sol. Les types de sol rencontré dans le bassin de la Yéwa sont :

Les vertisols avec une texture argileuse. Les sols peu évolués modaux, les sols ferrugineux tropicaux peu lessivés, lessivés et appauvris, avec une texture sableuse. Les sols ferralitiques et les sols hydromorphes avec une texture sablo-argileuse (Azontondé, 1991).

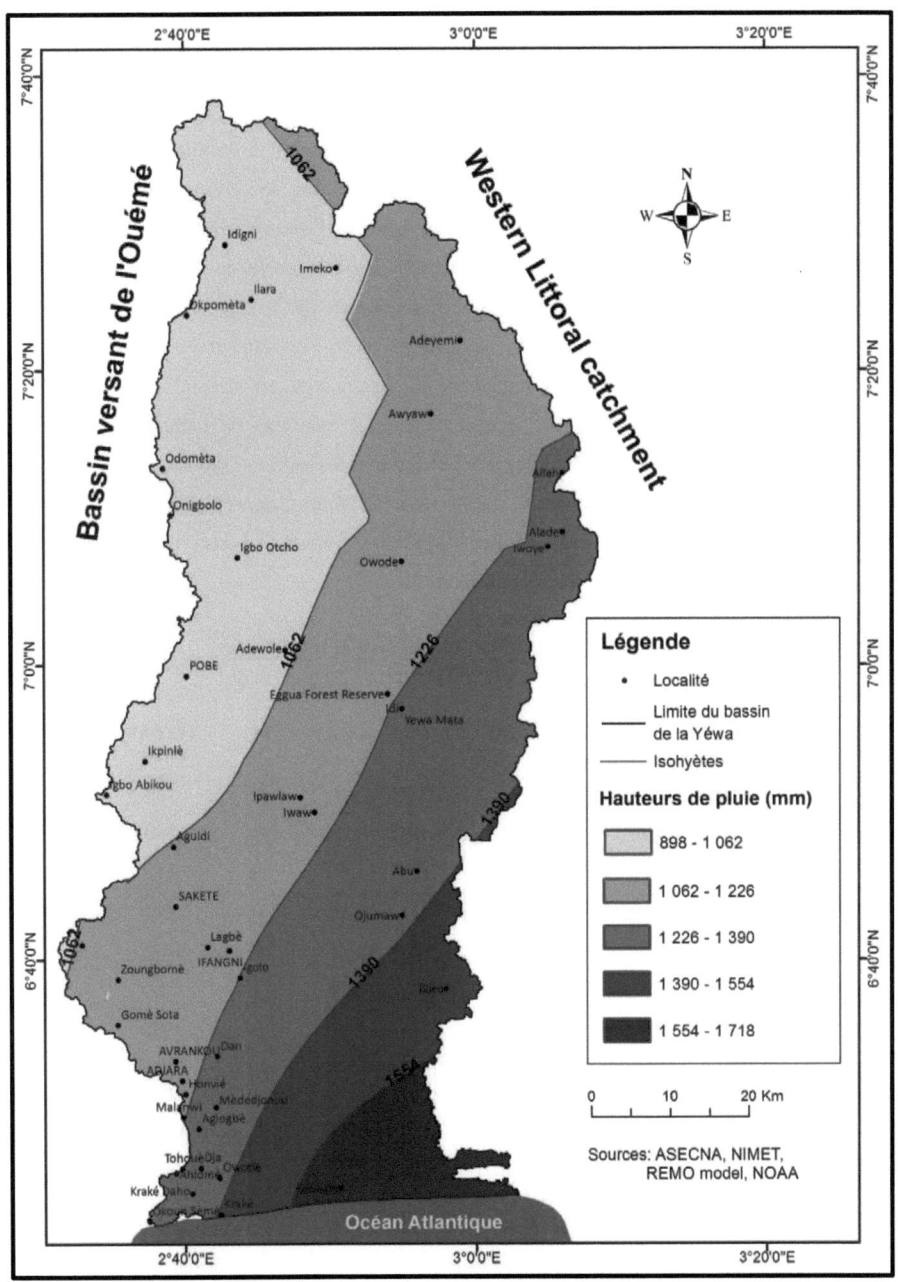

Figure 20 : Hauteurs pluviométrique dans le bassin versant de la Yéwa

c) Occupation du sol

Ce paramètre est traduit ici par une cartographie, une analyse de l'occupation du sol. L'analyse et la visualisation des scènes de Landsat 8 (191-55 et 191-56) dans le cadre de cette étude ont permis de distinguer sept classes d'unités d'occupation et d'utilisation du sol que sont : les agglomérations, les forêts denses, les forêts claires, les savanes, les cultures et Jachères, les sols nus et les plans d'eau. La cartographie de l'occupation du sol a été réalisée par classification supervisée d'image. L'évaluation des résultats montre que sur un total de 7708 pixels que contiennent les zones d'entrainement, renseignés par la signature spectrale, 7570 pixels ont été bien classifiés, soit une précision globale de 98.21 % avec un indice de Kappa de 0.97. ce qui indique que le niveau de fiabilité de la classification est acceptable. Le tableau 7 présente la matrice de confusion de la classification et le niveau de fiabilité. Les unités présentant les plus grandes précisions de classification sont les sols nus (100 %), les plans d'eau et cours d'eau (100 %), les agglomérations (99,6 %), les Forêts claires (99,29 %), les cultures et Jachères (98,89 %) et les forêts denses (94,52 %). Celles les moins précises dans la classification sont les savanes (64,22 %) (Tableau 7).

Tableau 7 : Matrice de confusion et indices de validation de la classification

Terrain	Classification							TOTAL	IVC (%)
	FD	FC	S	SN	AG	CJ	PC		
FD	138	1	0	0	0	7	0	146	94,52
FC	2	278	0	0	0	0	0	280	99,29
S	0	2	201	1	83	0	26	313	64,22
SN	0	0	0	292	0	0	0	292	100
AG	0	0	7	1	1983	0	0	1991	99,6
CJ	7	0	0	0	0	708	1	716	98,89
PC	0	0	0	0	0	0	3970	3970	100
Total	147	281	208	294	2066	715	3997	7708	
IPC	93,88	98,93	96,63	99,32	95,98	99,02	99,32		
Précision Globale (%)							98.21		
Indice de Kappa							0.97		

FD : Forêt Dense ; FC : Forêt Claire ; S : Savane ; SN : Sol Nu ; AG : AGglomération ; CJ : Cultures et Jachères ; PC : Plans d'eau et Cours d'eau ; IVC : Indice de Validation Cartographique ; IPC : Indice de Pureté des Classes.

Parmi les différentes classes, seule la savane a connu de grande confusion (35.78 %) avec les autres unités telles que l'agglomération et les plans d'eau. Par contre, d'autres, comme les forêts denses, les forêts claires, les sols nus, les agglomérations, les cultures et jachères et les plans d'eau, présentent de moindres erreurs de commission et d'omission (tableau 8).

Tableau 8 : Erreur d'omission et de commission de la classification

Classes	Erreur de commission ou de confusion (%)	Erreur d'omission (%)
Forêt dense	5.48	6.12
Foret claire	0.71	1.07
Savane	35.78	3.37
Sol nu	0.00	0.68
Agglomération	0.40	4.02
Cultures et Jachères	1.12	0.98
Plans d'eau et cours d'eau	0.00	0.68

Le résultat de la classification a été soumise à la vérité terrain pour validation et obtenir une carte d'occupation du bassin. L'analyse de la carte a permis d'évaluer les unités d'occupation du sol.

Dans le bassin de la Yéwa, l'occupation du sol est composée de forêts denses (14,52 %), de forêts claires (22,21 %), de savanes (28,87 %), des plans d'eau (0,70 %), des agglomérations (5,33 %), de sol nu (0,45 %) et de cultures et jachères (27,92 %). Le taux global de couverture végétale est évalué à 65,60 %. Il est inégalement réparti entre les forêts denses qui représentent 22,13 % de cette valeur, les forêts claires 33,85 % et les savanes 44 % (figure 22)

Au sud, la zone d'étude est constituée essentiellement de forêts denses, de champs de cultures et jachères et d'agglomérations. Les champs de cultures et jachères occupent en grande partie le sud-ouest du bassin vers les localités telles que Sèmè, Adjarra, Ifangni, Sakété. La partie sud-est est constituée de forêts denses en majorité entre Iloro et Abu. Beaucoup plus au sud, on observe la ville de Badagry avec une agglomération concentrée au sud de la rivière Yéwa.

Au centre, on remarque un changement de paysage avec une interruption de la continuité de la forêt dense qui laisse place à la forêt claire. Cette partie est aussi occupée par une mosaïque de cultures et jachères qui se développent autour des agglomérations et le long des affluents de la rivière Yéwa.

Au nord, autour de la ville de Imeko, la végétation est en grande partie constituée de savane et présente des reliques de forêts denses, de forêts claires et de cultures et jachères.

De l'analyse de l'occupation du sol, il ressort qu'au sud, au centre et au nord de la zone d'étude, les paysages sont différents et les champs de cultures et jachères sont relativement importants. La couverture végétale est constituée essentiellement de forêts (dense et claire) et de savanes (figure 21).

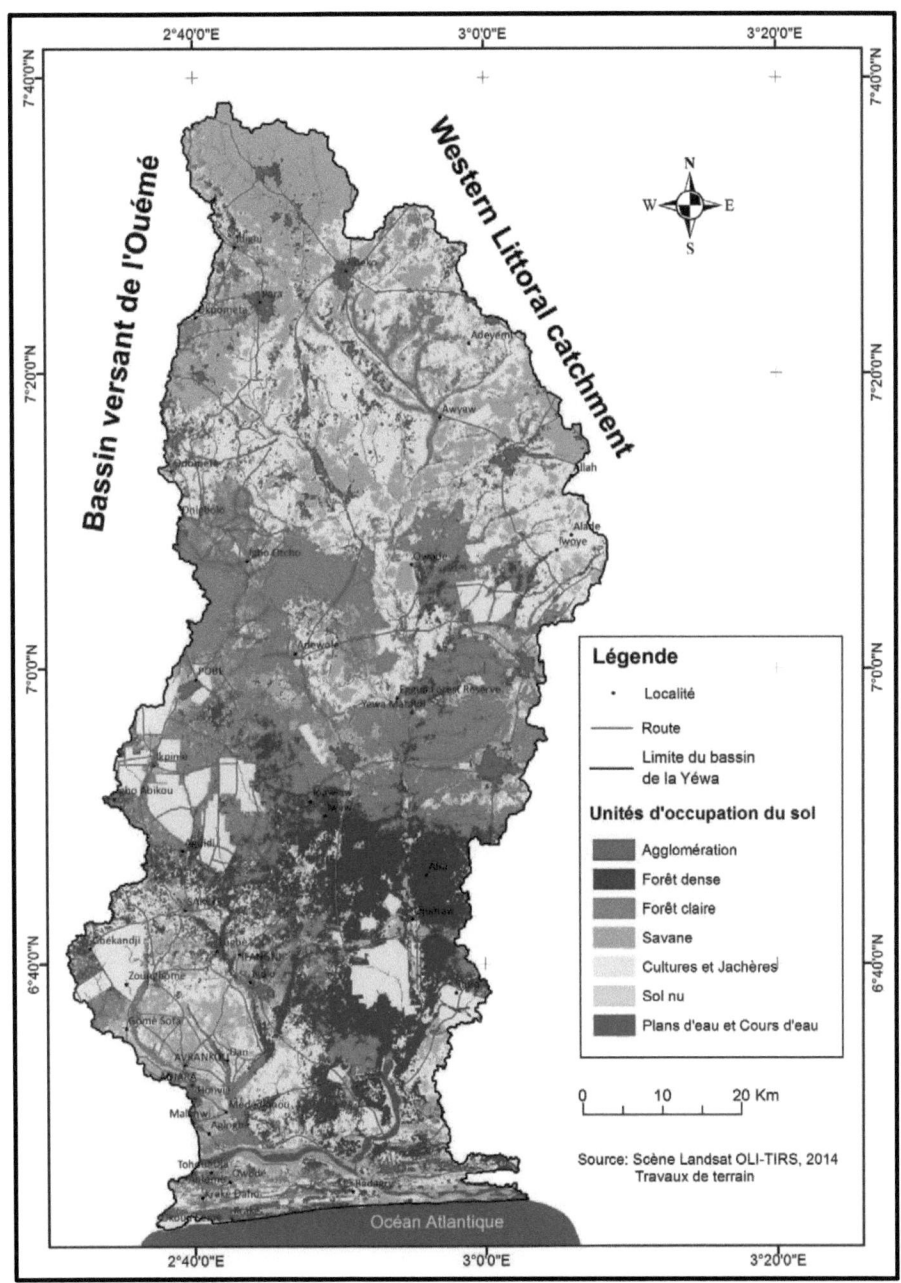

Figure 21: Occupation du sol du bassin de la Yéwa (2014)

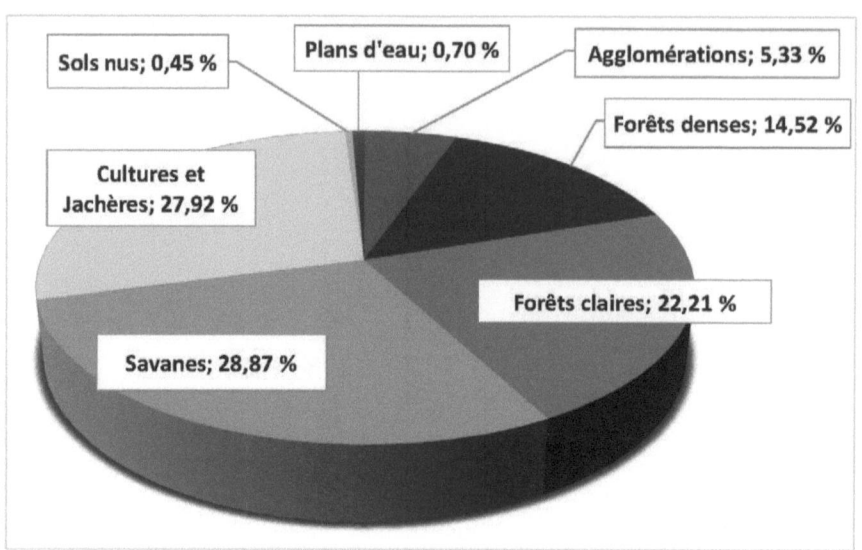

Figure 22 : Répartition des unités d'occupation du sol dans le bassin de la Yéwa (2014)

4-2 Modélisation de l'érosion hydrique au moyen du modèle SIMWE

Les résultats présentés détaillent d'une part le calcul et la spatialisation des différents facteurs et d'autre part la simulation de l'érosion hydrique (SIMWE). Les résultats apportés dans le cadre de cette étude permettent de mettre en évidence le risque d'érosion dans le bassin versant. Ils permettent de comprendre l'impact des différents terrains, des précipitations, des propriétés des sols et de la couverture sur la distribution de l'érosion et des taux de dépôt le long d'un profil. Les cartes obtenues à la suite de la modélisation sont : la profondeur de ruissellement, le flux de sédiments et l'érosion / dépôt net

4-2-1 Simulation de l'écoulement de l'eau

La simulation de l'écoulement de l'eau est la première étape de la simulation du modèle SIMWE. Cette partie nécessite la détermination de quatre paramètres à savoir le modèle numérique de terrain, les gradients directionnels de débit dx et dy, les hauteurs de précipitations excédentaires, et le coefficient de rugosité de surface de Manning.

- Le modèle numérique de terrain : le MNT SRTM en format (GeoTIFF) avec une résolution de 30 mètres a été utilisé pour les deux étapes de la simulation du modèle SIMWE. Le SRTM DEM, étant aussi l'un des données d'entrée, a été utilisé pour le calcul le gradient de débit à l'aide du module *r.slope.aspect* du SIG GRASS.

- Les gradients directionnels de débit dx et dy donnés par le premier ordre de dérivées partielles, sont utilisés pour déterminer la direction et l'amplitude de la vitesse d'écoulement de l'eau. Ces paramètres sont extraits du MNT. Ils ont été utilisés dans le cadre de la simulation de l'écoulement ainsi que du transport de sédiments. Les figures 23 et 24 présentent les gradients de débit dx et dy.

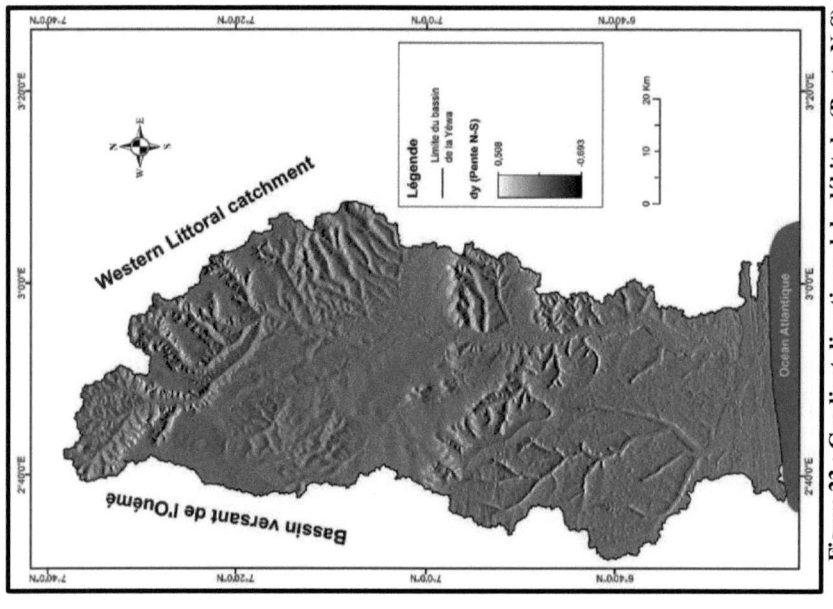

Figure 23 : Gradient directionnel de débit dy (Pente N-S)

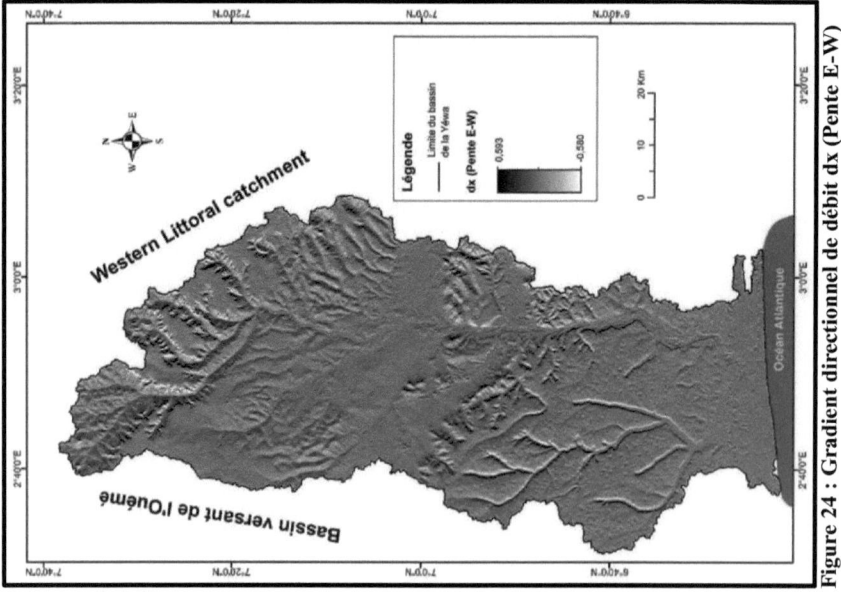

Figure 24 : Gradient directionnel de débit dx (Pente E-W)

- Les hauteurs de précipitations excédentaires

Ce facteur est défini comme les hauteurs de pluie en excès après les processus d'infiltration et d'interception par le couvert végétal.

Les hauteurs de pluie permettent d'intégrer le rôle des précipitations dans la modélisation de l'érosion des sols. Les hauteurs de pluie de la durée de la simulation (1 an) ont été utilisées pour les stations localisées dans le bassin. Les valeurs d'infiltration pour chaque type de sol selon leur texture, ont été déduites des travaux d'Azontonde (1991). Le tableau 9 montre les différentes valeurs du taux d'infiltration par type de sol qui ont été utilisées pour réaliser la carte de la figure 25.

Tableau 9 : Valeur d'infiltration par type de sol présent dans le bassin.

Type de sol	infiltration (mm/hr)
Sols peu évolués du cordon littoral	250
Vertisols	30
Sols ferrugineux tropicaux	100
Sols ferralitiques	80
Sols hydromorphes	50

(Source : Azontonde, 1991)

Le couvert végétal protège la surface de la battance, prolonge ainsi la durée d'infiltration et réduit le volume ruisselé. Les valeurs pour chaque unité d'occupation du sol ont été déduites de la table de référence fournie par Roose (1977) (Tableau 10). Le tableau 10 présente les valeurs du facteur C par unité d'occupation. La carte de répartition de ce facteur montre leur contribution dans un sens ou dans l'autre aux processus érosifs (figure 26).

Tableau 10 : Valeurs du facteur C

Type d'occupation du sol	Facteur C
Sol nu, Agglomération	1
Forêt claire	0,01
Savane	0,1
Mosaïque de culture	0,5
Forêt dense	0,001
Plan d'eau	0

(source Roose, 1977)

Les hauteurs de précipitation excédentaire est donc obtenu à la suite d'une opération de soustraction entre les hauteurs de pluie interpolées, le taux d'infiltration et la couverture végétale à l'aide du module *r.mapcalc* du SIG GRASS. La figure 27 présente les hauteurs de précipitation excédentaire au cours de l'année 2014 dans le bassin de la Yéwa.

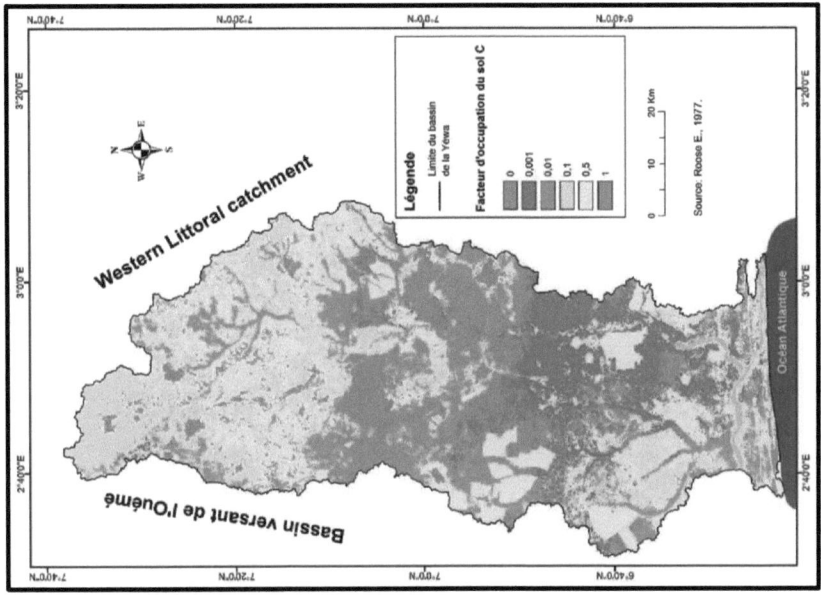

Figure 25 : Facteur de l'occupation du sol C

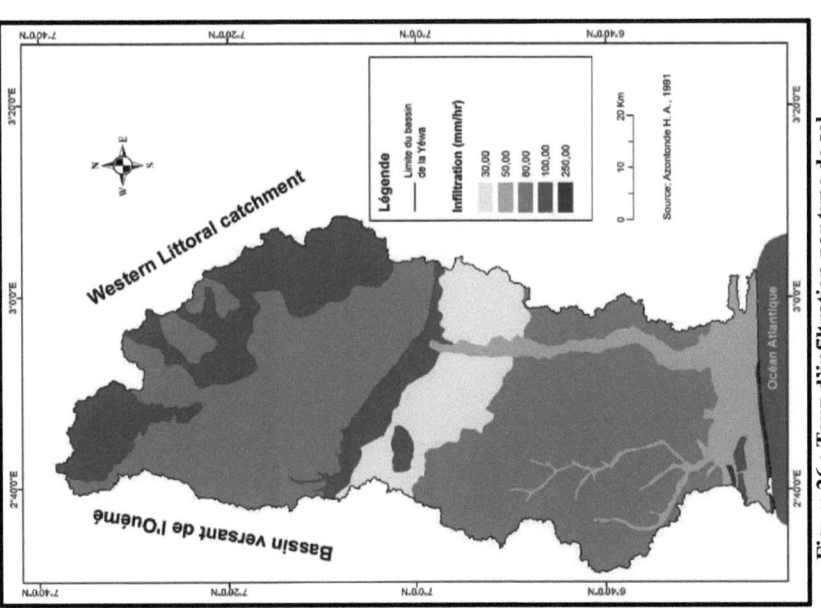

Figure 26 : Taux d'infiltration par type de sol

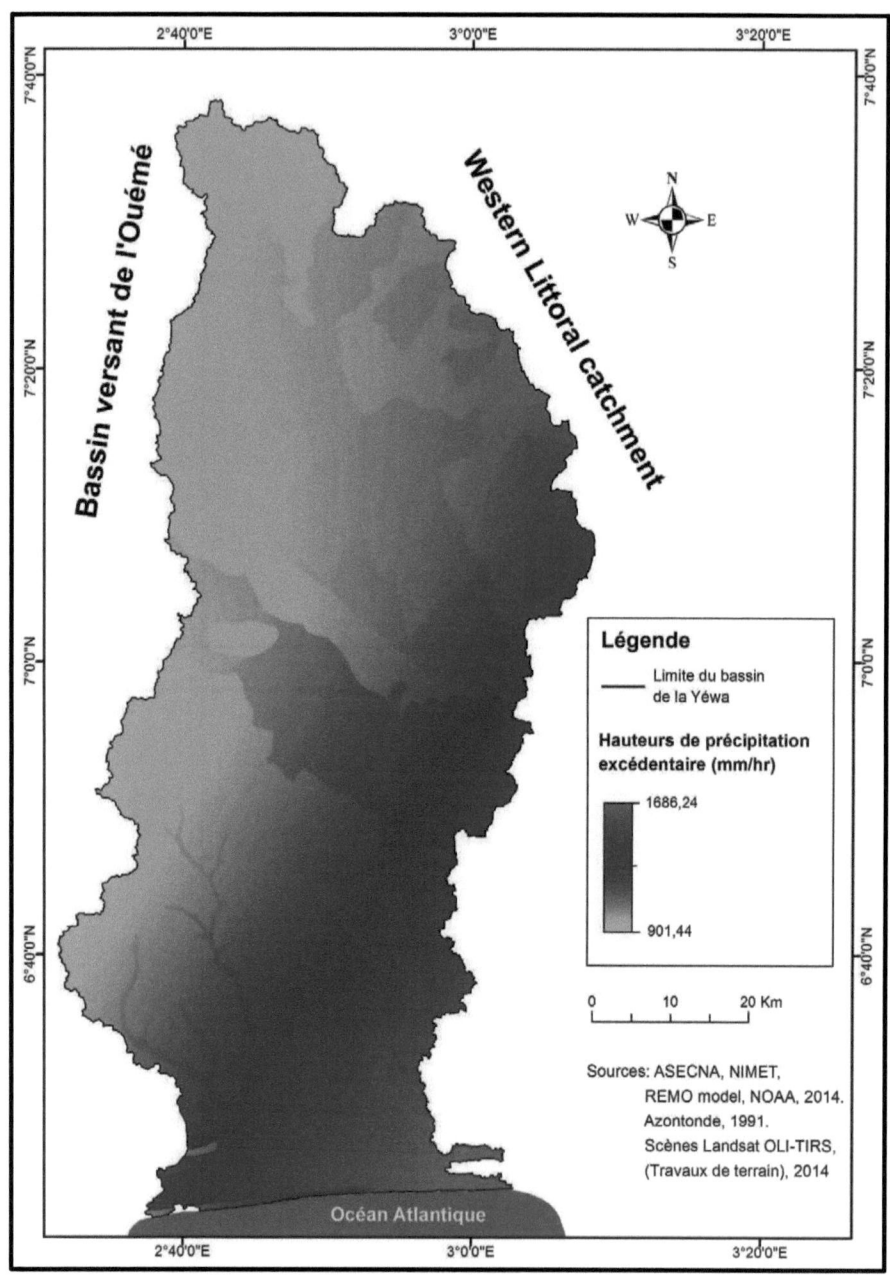

Figure 27 : Hauteurs de précipitation excédentaire

- Le coefficient de rugosité de surface de Manning (n)

La rugosité de surface, représentée par le coefficient de Manning, dépend de la couverture végétale ainsi que des propriétés du sol et ses valeurs dans différents cas de figure ont été obtenus à partir des travaux de la FAO (1994) (Tableau 11). Nous avons effectué un croisement entre les couches d'occupation du sol et des types de sols par texture. Ce qui donne donc une carte raster représentant une spatialisation du coefficient de rugosité de surface de Manning (figure 28). Le tableau ci-après montre les valeurs de ce paramètre en fonction de chaque combinaison (texture de sol - unité d'occupation).

Tableau 11 : Valeurs du coefficient de rugosité de Manning par type d'occupation du sol et par texture de sol

Type d'occupation du sol	Texture Sableuse	Sablo - Argileuse	Argileuse
Forêt dense, Forêt claire	0.1	0.1	0.1
Savane, Mosaïque de cultures	0.04	0.05	0.09
Agglomération	0.02	0.025	0.022
Sol nu	0.01	0.01	0.01
Plan d'eau	0.99	0.99	0.99

(Source : FAO, 1994)

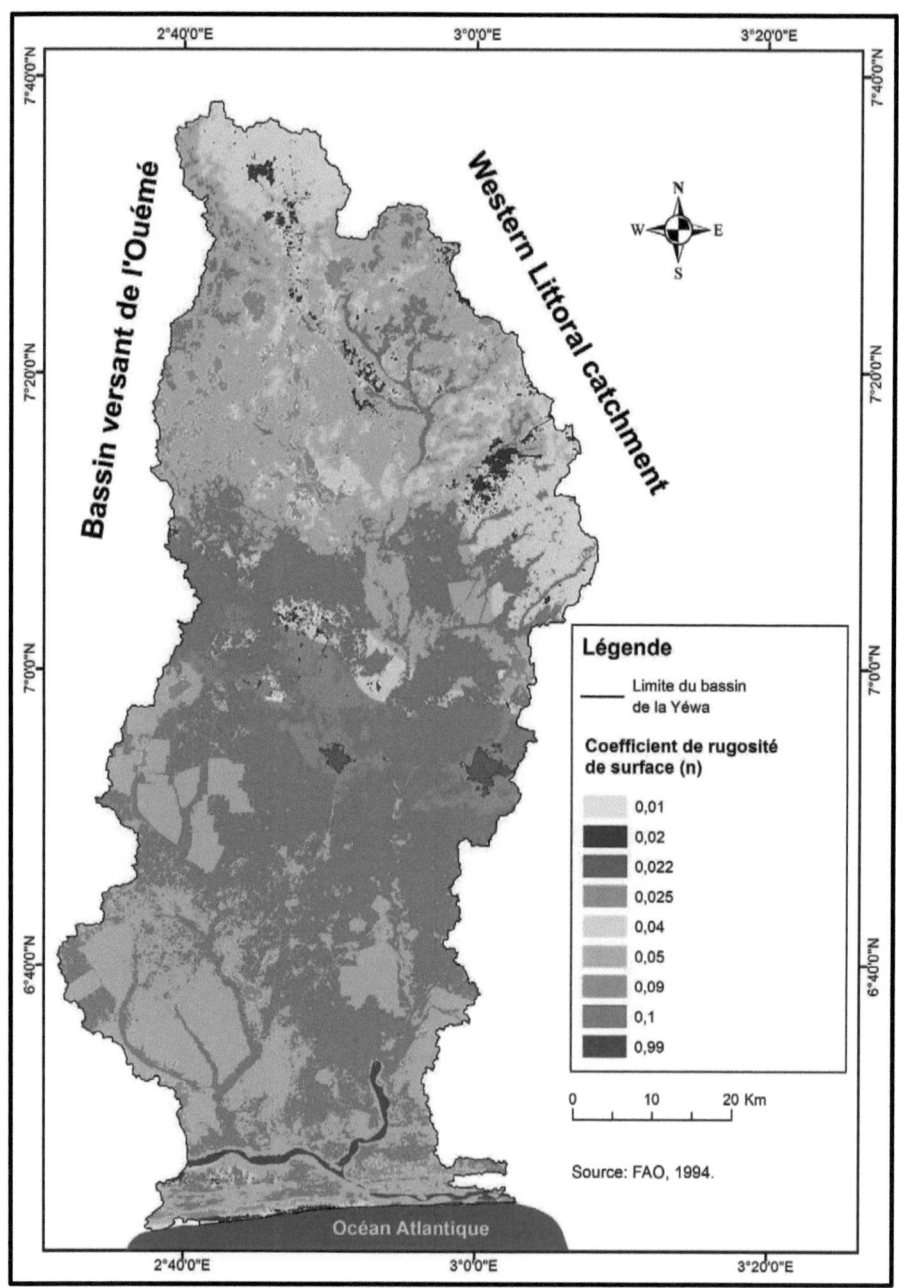

Figure 28 : Coefficient de rugosité de surface de Manning

❖ Résultat de la simulation de l'écoulement de surface

Les différents paramètres ayant été cartographiés à la même résolution (30m), les résultats obtenus sont introduits dans le module *r.sim.water* du SIG GRASS. Cette première partie de la modélisation calcule la répartition de la profondeur de ruissellement. La profondeur de ruissellement sera utilisée pour la simulation des transports de sédiment. La figure 29 présente en gros le résultat de la simulation. Le résultat est utilisé pour la simulation des transports de sédiments.

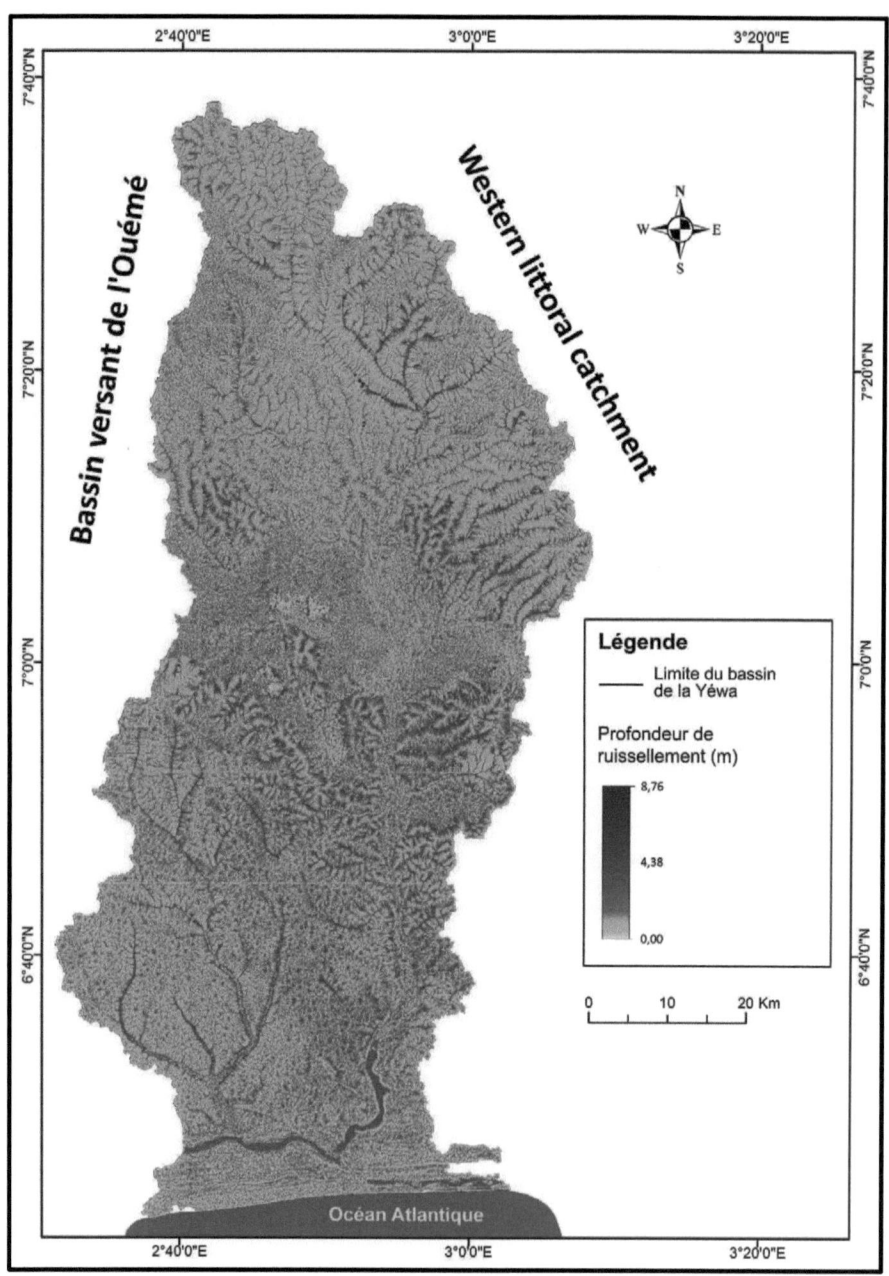

Figure 29 : Profondeur de ruissellement

4-2-2 Simulation des transports de sédiments

Les cartes raster de sortie de la seconde étape de simulation du modèle d'érosion distribués sont les flux de sédiments et l'érosion / dépôt net. La simulation des transports de sédiments nécessite implication de sept (07) facteurs essentiels :

- La profondeur de ruissellement : Elle a été obtenue au cours de l'étape précédente. Elle est en format matriciel (raster).

- Coefficient de la capacité de détachement (l'érodibilité K) : les valeurs du coefficient par type de sol du Bénin sont extraites des travaux d'Azontondé (1991) (Tableau 12). L'essentiel du travail ici est une cartographie des ces valeurs en se basant sur la carte pédologique. La distribution spatiale du facteur K montre que les sols les plus érodibles se situent en amont du bassin versant, soit sur le plateau et au centre au niveau de la dépression.

Le tableau 12 montre les différentes valeurs de K telles que calculées par Azontondé (figure 30).

Tableau 12 : Valeurs de K en fonction du type de sol du bassin de la Yéwa

Types de Sol	Sols minéraux ou peu évolués développés dans les apports alluviaux	Sols ferralitiques	Sols alluviaux hydromorphes et Vertisols	Sols tropicaux ferrugineux
Valeur de K	0,15	0,07	0,1	0,2

(Source : Azontondé, 1991)

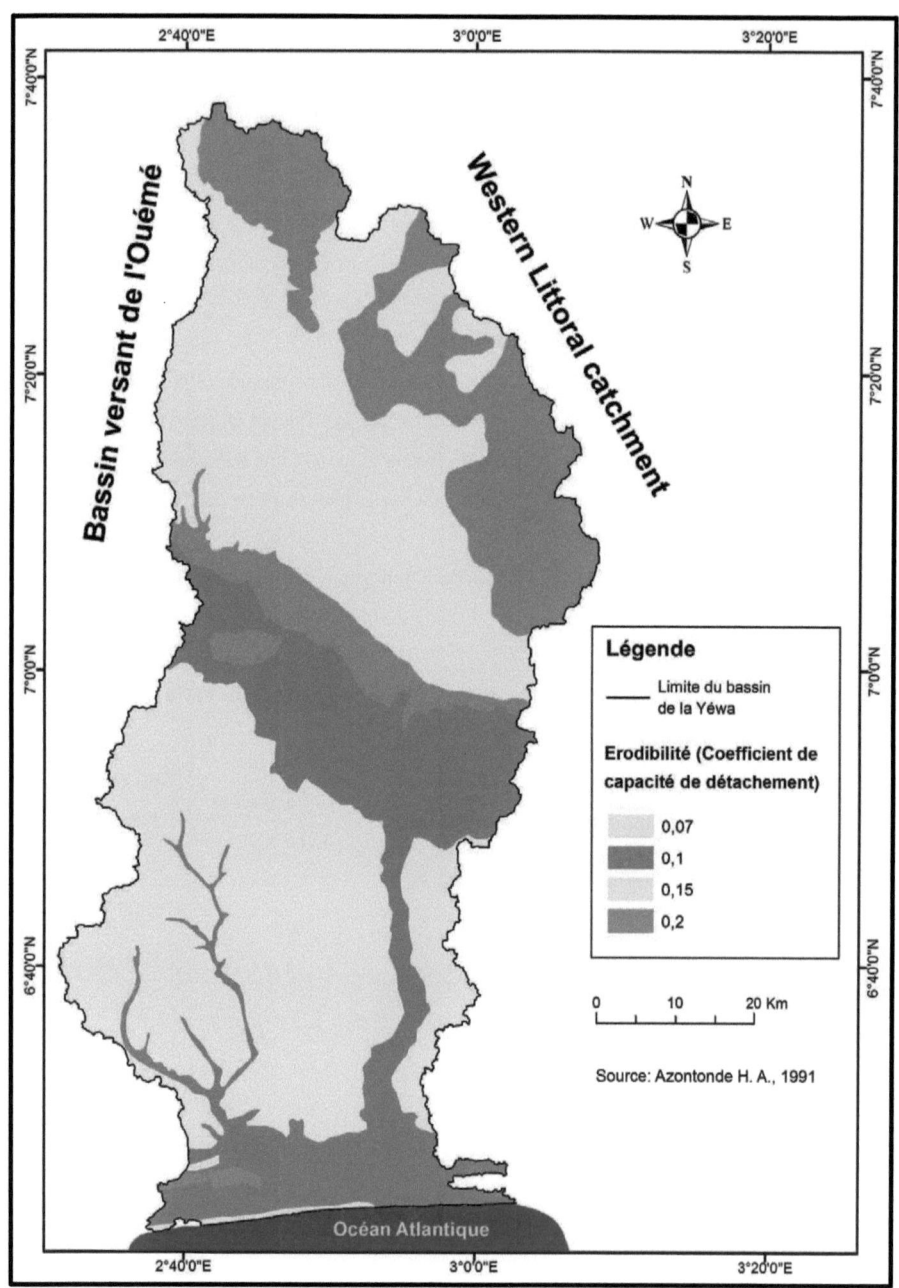

Figure 30 : Erodibilité des sols

- Coefficient de la capacité de transport (k_t)

Le coefficient de la capacité de transport dépend des propriétés du sol, mais peut être influencé par la végétation. Ces valeurs par texture de type de sol sont extraites indirectement du manuel d'utilisation du modèle WEPP (tableau 13). Le résultat obtenu est une carte raster présentant une spatialisation des coefficients de capacité de transport dans l'ensemble du bassin (figure 31). La répartition spatiale de ce facteur montre que les valeurs les plus élevées du coefficient de transport se retrouvent au niveau de la dépression au centre du bassin.

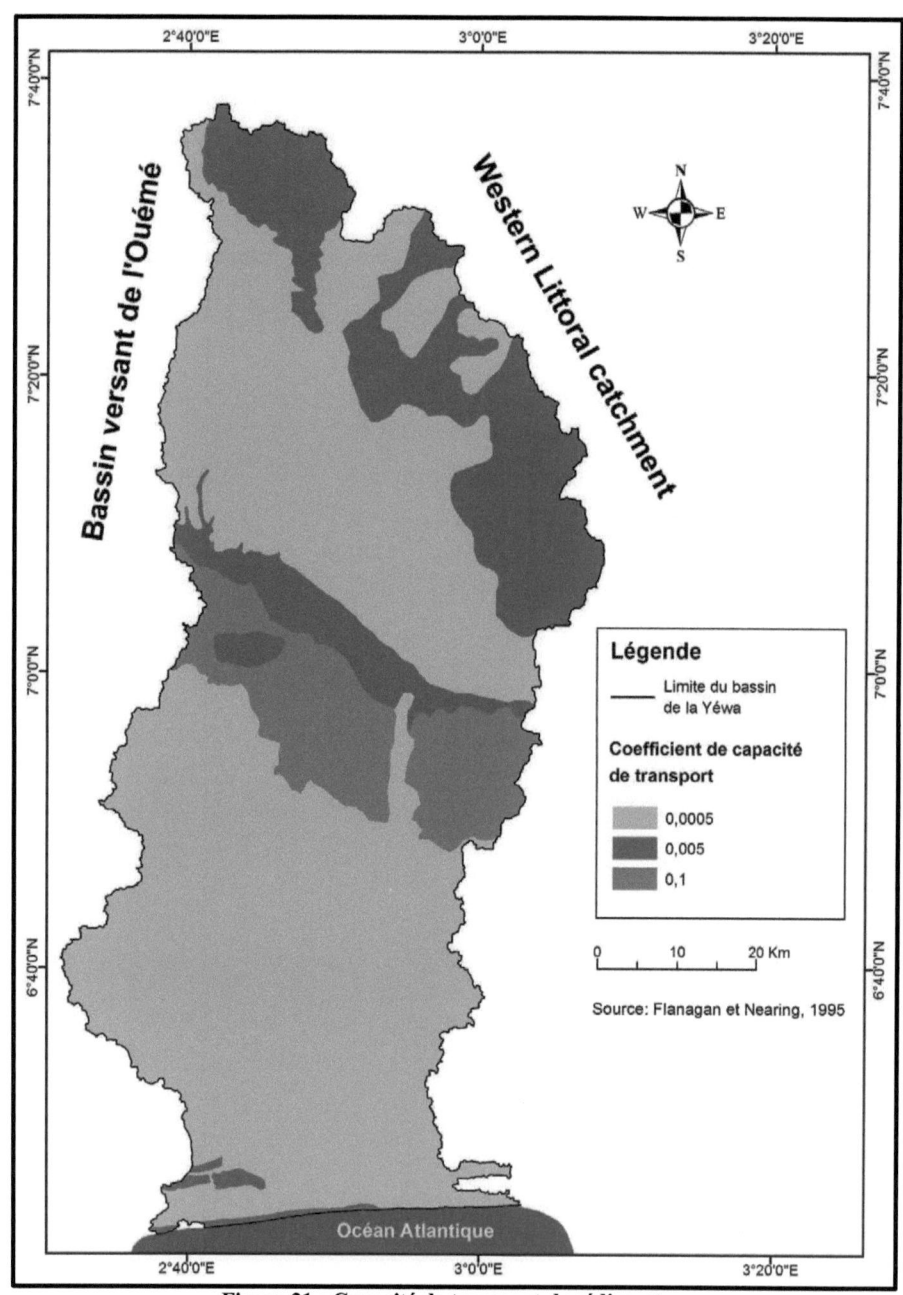

Figure 31 : Capacité de transport de sédiment

- Contrainte de cisaillement critique (t_c)

Ce facteur représente la résistance du sol à des forces de cisaillement pendant le ruissellement de l'eau. Les valeurs de la contrainte de cisaillement critique sont extraites du manuel d'utilisation du modèle WEPP (Tableau 13). Ce paramètre a un impact sur le fait qu'un sol soit plus favorable ou pas à l'érosion ou au dépôt. La répartition de ce facteur nous montre que la valeur élevée de cisaillement critique représente plus de la moitié de la zone d'étude (figure 32). L'eau n'étant pas un fluide parfait, la présence des particules solides génère des contraintes de cisaillement (liées au gradient de débit). Le tableau 13 présente les valeurs de la contrainte de cisaillement critique par texture de sol présent dans le bassin.

Tableau 13 : Valeurs du coefficient de la capacité de transport et de cisaillement critique par texture de type de sol

Texture	k_t	t_c
Argileuse	0.1	0.01
Sablo-Argileuse	0.0005	0.8
Sableuse	0.005	0.1

(Source : Flanagan et Nearing, 1995)

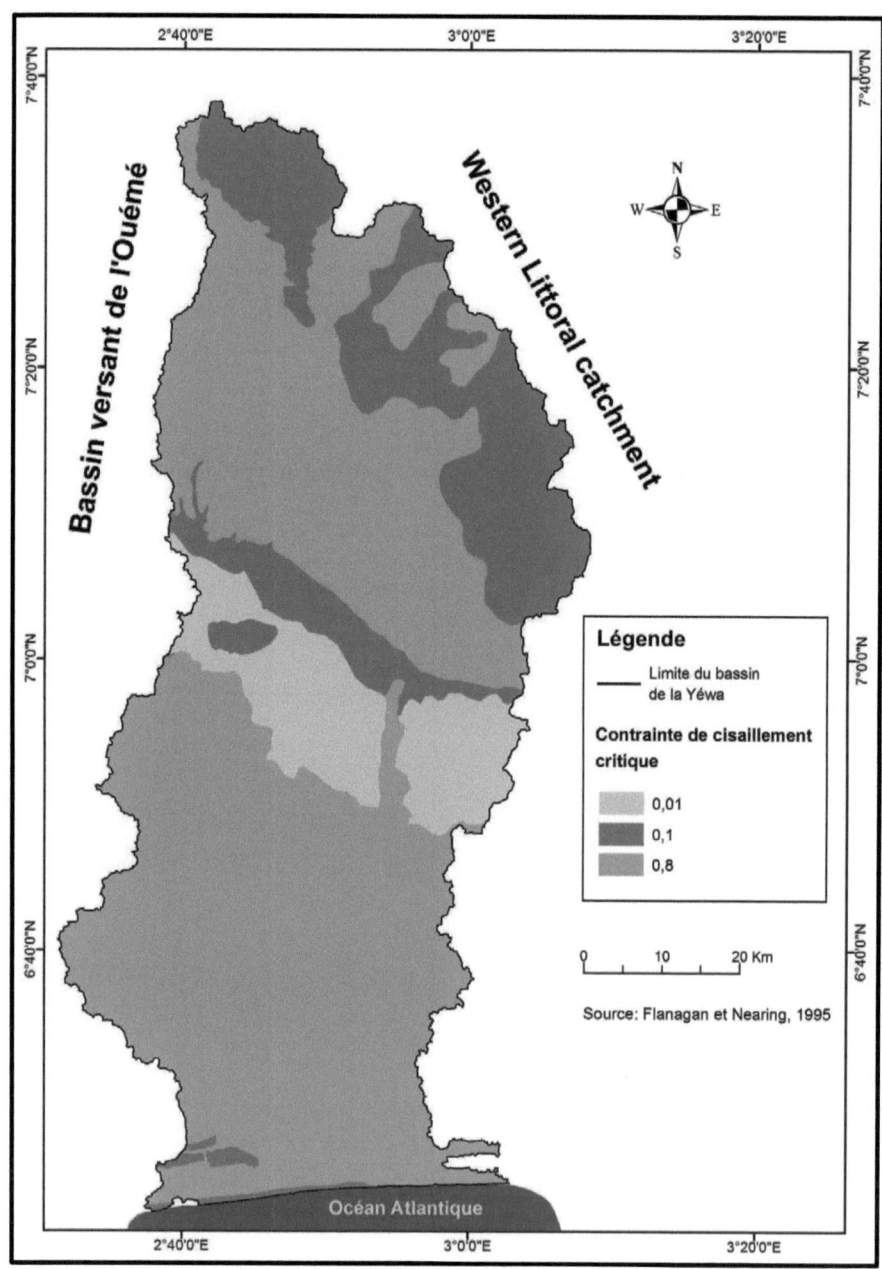

Figure 32 : Contrainte de cisaillement critique

❖ **Résultat de la simulation des transports de sédiments**

Le transport des sédiments et l'érosion nette / dépôt sont simulées par le module *r.sim.sediment*. L'intégration des différents facteurs (profondeur de ruissellement, coefficient de la capacité détachement, coefficient de la capacité de transport, contrainte de cisaillement critique et le coefficient de rugosité de surface de Manning) dans ce module a permis de calculer les diverses cartes thématiques notamment le flux de sédiment (figure 33) et l'érosion / dépôt net (figure 34).

La figure 33 montre la dynamique de l'érosion, c'est-à-dire, le flux de sédiments, mais c'est le bilan de ce flux qui est particulièrement intéressant pour pouvoir identifier les zones d'ablation et d'accumulation. Les flux de sédiments vont de 0 à 548,14 kg/m/s dans le bassin. Ce flux représente la quantité de sédiments déposés dans un bassin en fonction du temps.

La figure 34 présente une répartition des risques d'érosion et de dépôts dans le bassin en t/ha/an. On peut observer les pertes et les dépôts de sédiments maximaux soit respectivement -5800t/ha/an et 4400t/ha/an.

Afin de pouvoir différencier et catégoriser l'érosion et le dépôt de sédiment, on a effectué un recodage au niveau des valeurs en utilisant le module *r.recode* du SIG GRASS. A partir des variables du milieu permettant d'apprécier l'érosion hydrique des sols, on définit les quatre classes d'érosion et de dépôt de la manière suivante :

Les très sévères ou très élevés caractérisées par une érosion et/ou dépôt variant respectivement entre -5800 à -50 t/ha/an et 50 à 4400 t/ha/an,

Les sévères ou élevés caractérisées par une érosion et/ou dépôt variant respectivement entre -50 à -5 t/ha/an et 5 à 50 t/ha/an,

Les modérées caractérisées par une érosion et/ou dépôt variant respectivement entre -5 à -1 t/ha/an et 1 à 5 t/ha/an,

Les faibles caractérisés par une érosion et/ou dépôt variant respectivement entre -1 à -0.1 t/ha/an et 0.1 à1 t/ha/an,

Et le stable est celle dont l'érosion et/ou dépôt varie entre -0.1 à 0.1 t/ha/an (figure 35).

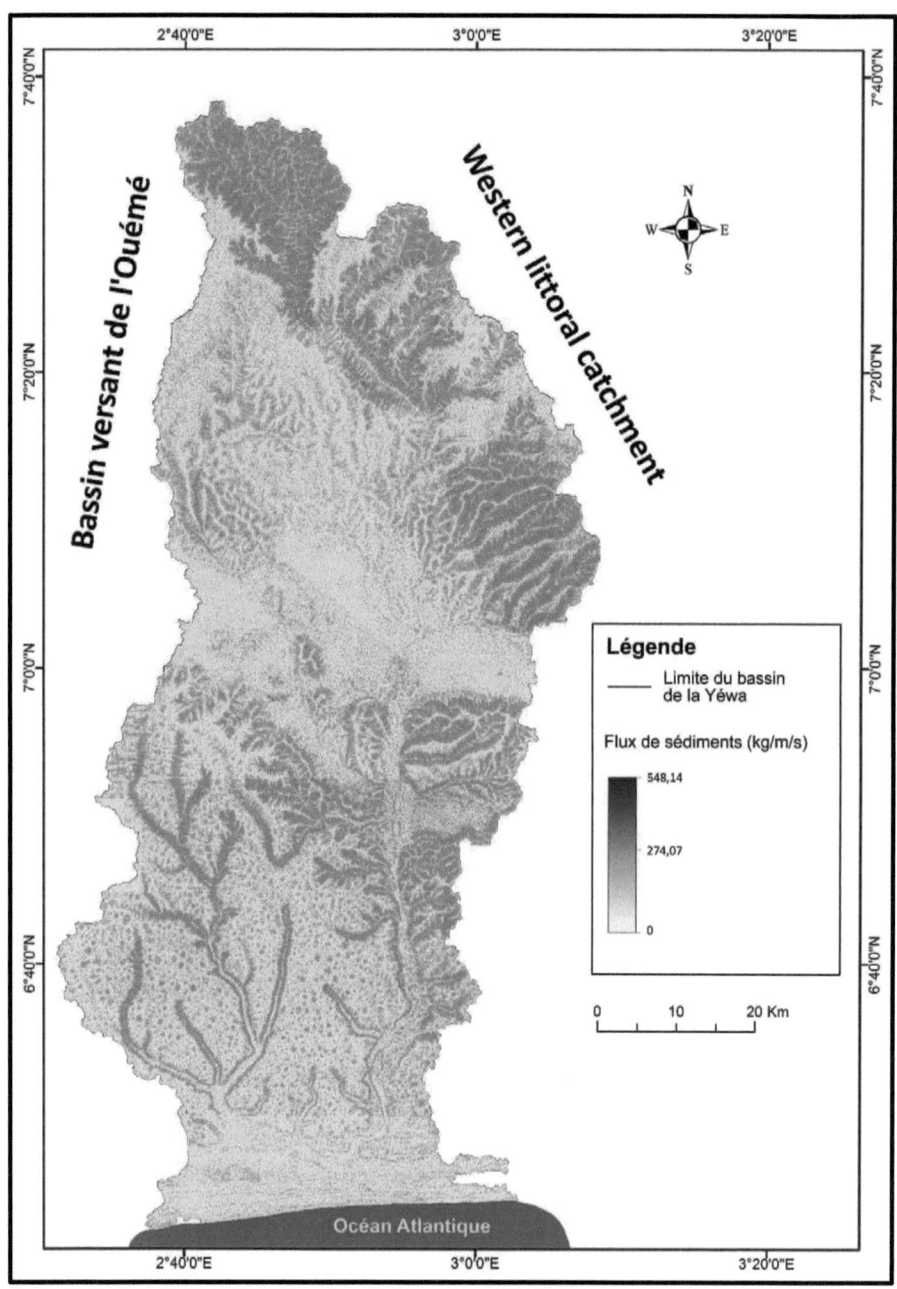

Figure 33 : Flux de sédiments

Le module *r.report* du SIG GRASS est utilisé pour ressortir la proportion et la surface représentée par chaque classe d'érosion et de dépôt. Ensuite les résultats ont été traités dans un tableur Excel. La distribution statistique montre que 51,53% (2944,69 km^2) de la superficie du bassin versant de la Yéwa révèle une sensibilité faible à modérée à l'érosion pour 4,61 % de sensibilité sévère et très sévère (275,12 km^2). Quant au dépôt, 18,85% (1088,39 km^2) de la superficie du bassin révèle un dépôt faible à modéré pour 4,37 % (261,50 km^2) de dépôt élevé et très élevé (figure 36).

Avec le module *r.sum* du SIG GRASS, on a pu calculer le bilan total d'érosion et de déposition. Le résultat du calcul nous montre que le bassin de la Yéwa enregistre un bilan négatif donc une perte totale d'environ 241718,16 t/ha/an. Les pertes de sols moins importantes sont associées au couvert dense telles que les forêts denses de la partie sud du bassin et à l'inverse les valeurs plus élevées sont associées aux sols nus ou aux sous couverts dégradés. Les facteurs climatiques conditionnent notamment l'importance du couvert végétal qui s'oppose au ruissellement en absorbant l'eau. L'eau ruisselle lorsque la vitesse d'arrivée de l'eau sur le sol est supérieure à la vitesse d'infiltration. Le volume d'eau excédentaire à la surface dépend de l'intensité (hauteur d'eau par rapport à une durée) de la pluie et du volume total précipité. Nous pouvons donc émettre l'hypothèse que les particules et débris enlevés entraînés se déposeraient au fond des cours d'eau ou encore en dehors du bassin par le biais d'un chenal qui se jette dans l'océan atlantique. Les plus fortes valeurs de flux de sédiment et d'érosion sont observées au Nord du bassin. L'érosion faible à modérée peut s'accroître très rapidement si la couverture végétale disparaît. Il en ressort l'importance de la protection et du maintien de cette couverture, d'autant que les zones les plus touchées sont les formations végétales et les cultures (érosion faible à modérée) et suivi des sols nus et les agglomérations (sévère et très sévère). Pour assurer une conservation durable des sols, il sera donc nécessaire de protéger les formations végétales sans oublier d'autres pratiques agricoles non durables. Ces résultats montrent aussi que la vulnérabilité à l'érosion dans la région d'étude est essentiellement contrôlée par la densité du couvert végétal et à la topographie.

Le bassin versant de la Yéwa étant transfrontalier, partagé entre le Bénin et le Nigéria, il serait important de connaitre le bilan sédimentaire observé dans chacune de ces parties. On relève donc une perte totale de 70572,72 t/ha/an du coté béninois et 171145,44 t/ha/an du coté nigérian. Ce qui indique donc que les pertes sont plus importantes au Nigéria qu'au Bénin. Des mesures doivent être donc accentuées dans la partie nigériane étant la plus exploité et couvrant 68% du bassin.

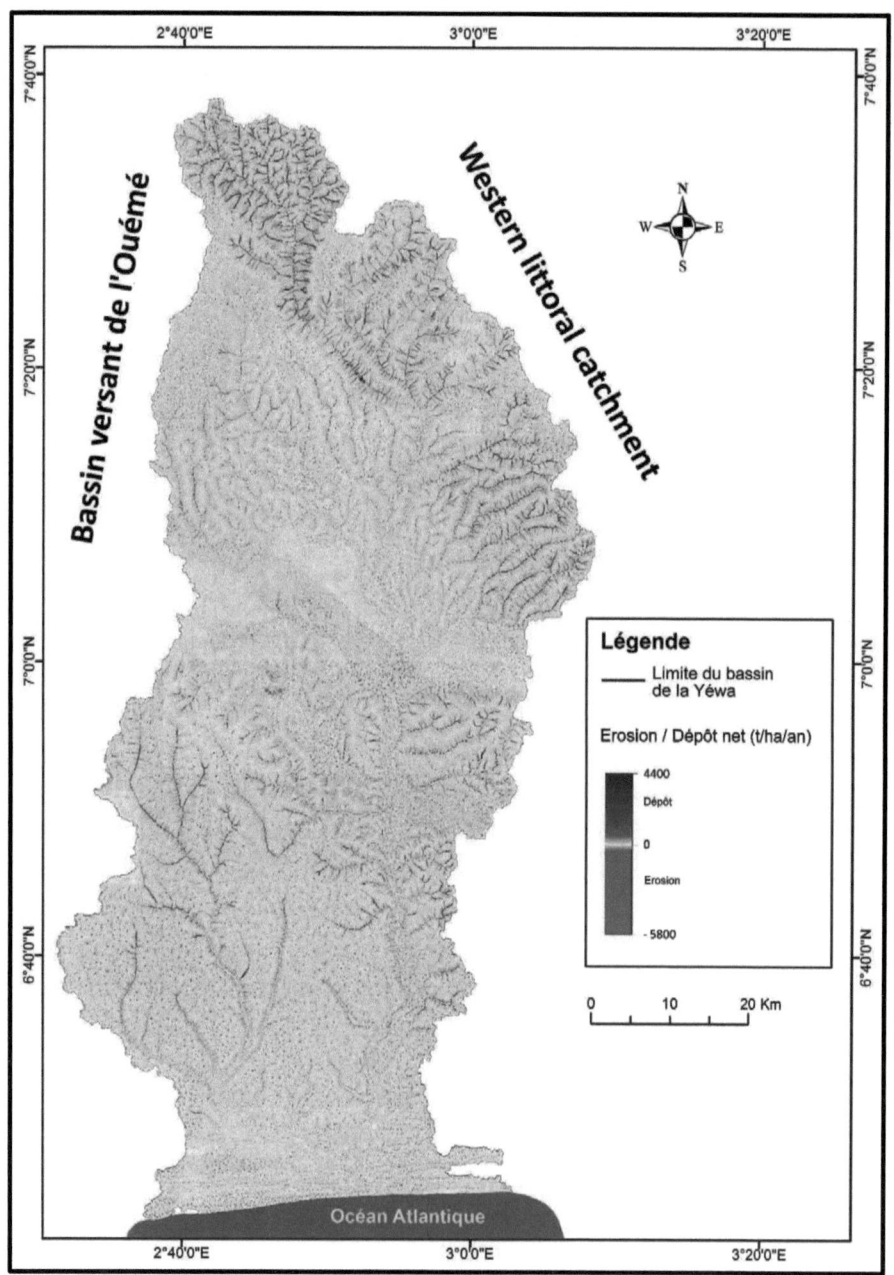

Figure 34 : Erosion / Dépôt net

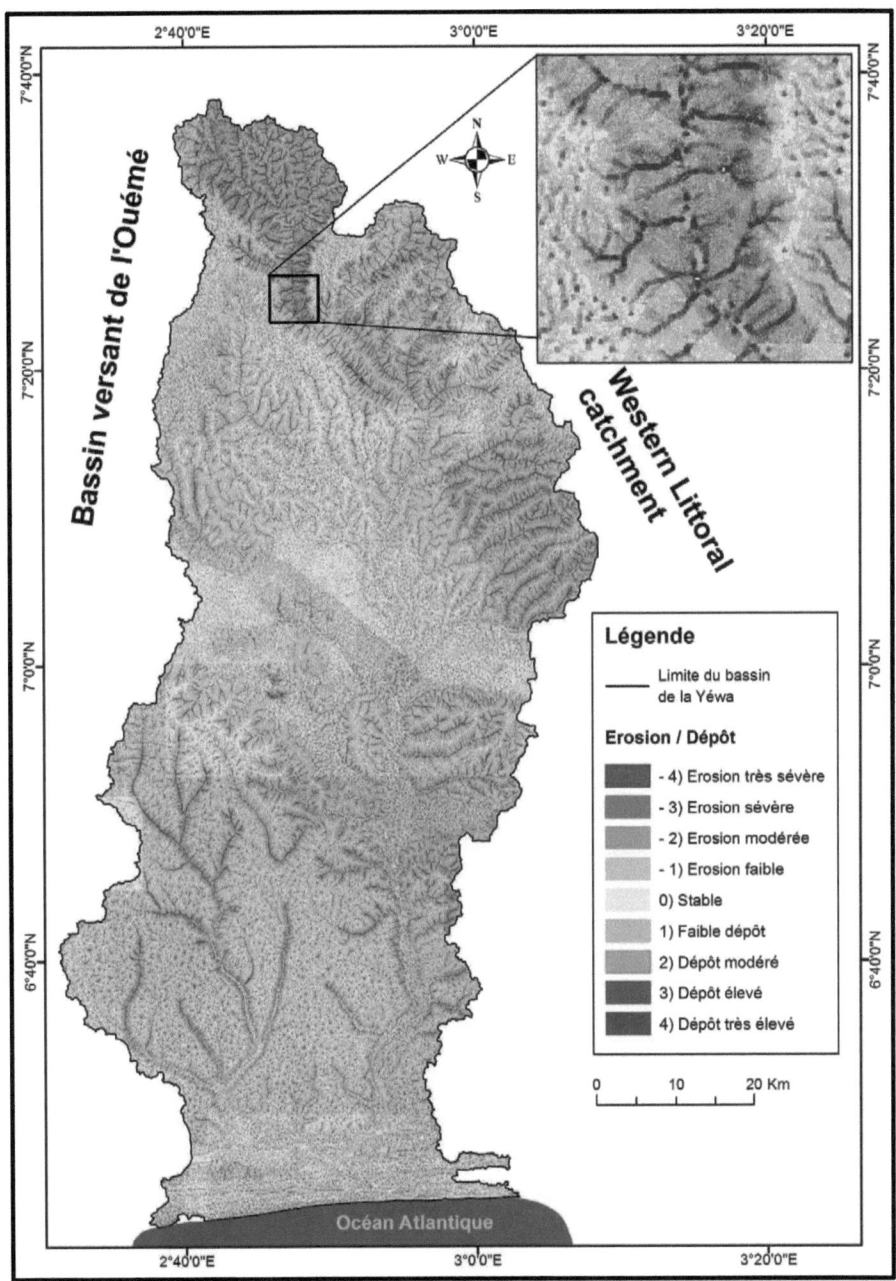

Figure 35 : Risques d'érosion et de dépôt dans le bassin versant de la Yéwa

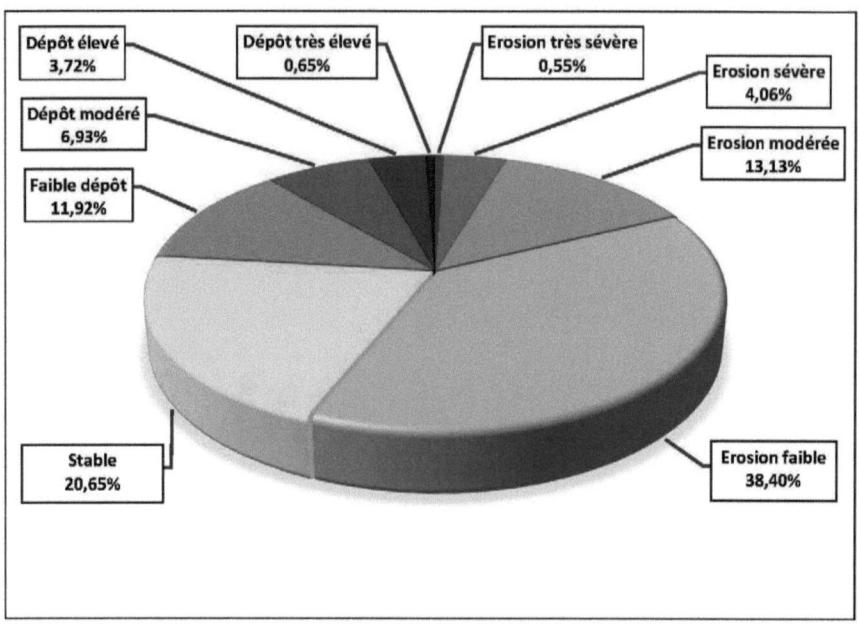

Figure 36 : **Proportion des risques d'érosion et de dépôt**

4-3 Répartition de l'érosion par unité d'occupation

L'érosion hydrique constitue un aspect majeur de la dégradation du paysage dans le bassin de la Yéwa. L'effet de l'érosion hydrique sur le bassin a été déterminé par une évaluation des proportions d'unités spatiales touchées par celle-ci. Par une requête spatiale, nous avons extrait les surfaces érodées de la couche des risques d'érosion et de dépôt. Une analyse de superposition est réalisée entre la couche d'occupation du sol et la couche des surfaces érodées dans le but d'obtenir les différentes unités d'occupation touchées par ce phénomène. On relève que 42,30% et 37,84% des sols nus, 65,21% et 23,73% des cultures, 57,34% et 23,35% des savanes, 54,51% et 23,3% des forêts claires, 62,27% et 23,79% des forêts denses et 42,52% et 21,16% des agglomérations sont touchés par l'érosion et le dépôt de sédiment à différent degré(figure 37). De façon générale, les formations végétales et les cultures sont les plus fortement exposées à l'érosion hydrique tandis les sols nus sont les surfaces où on observe le plus de dépôt. Ensuite le module *r.report* a été utilisé pour extraire les effets de chaque degré d'érosion sur les unités d'occupation du sol.

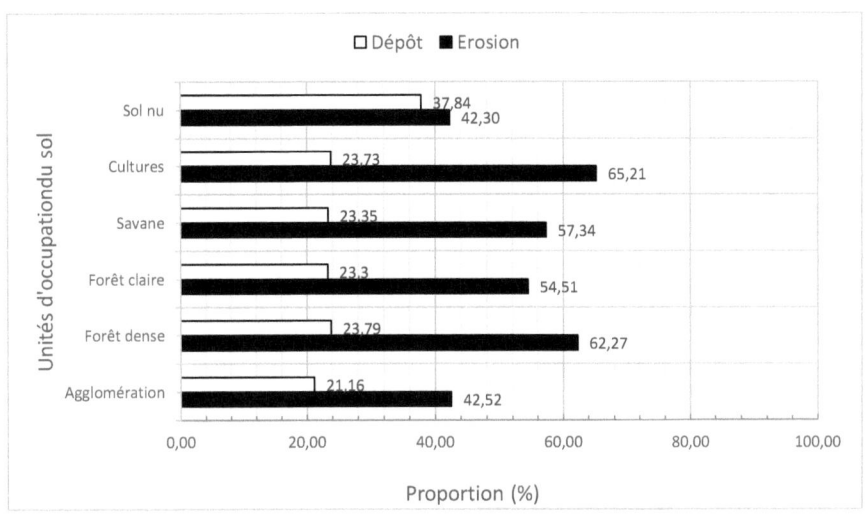

Figure 37 : Proportion d'unités d'occupation du sol exposées à l'érosion et au dépôt (2014)

Les figures 38, 39, 40, présentent les proportions des unités d'occupation exposées aux différents degrés d'érosion et de dépôt dans le bassin de la Yéwa.

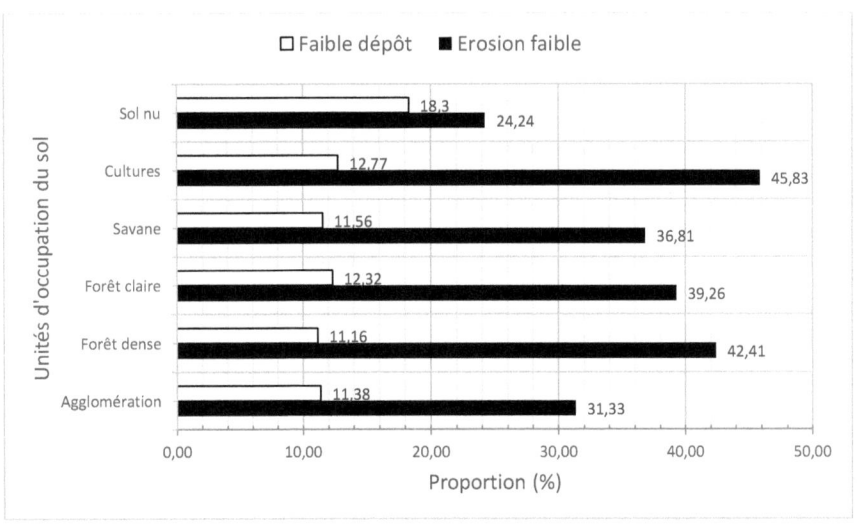

Figure 38 : Proportion d'unités exposées à une érosion et un dépôt faibles

L'analyse de la figure 38, montre que 24,24% et 18,3% des sols nus, 45,83% et 12,77% des cultures, 36,81% et 11,56% des savanes, 39,26% et 12,32% des forêts claires, 42,41% et 11,16% de forêts denses et 31,33% et 11,38% des agglomérations sont touchés par l'érosion et le dépôt de sédiment à un degré faible. En résumé les formations végétales et les cultures sont les plus fortement touchées par une érosion à degré faible tandis que les sols nus sont les surfaces où on observe un dépôt faible.

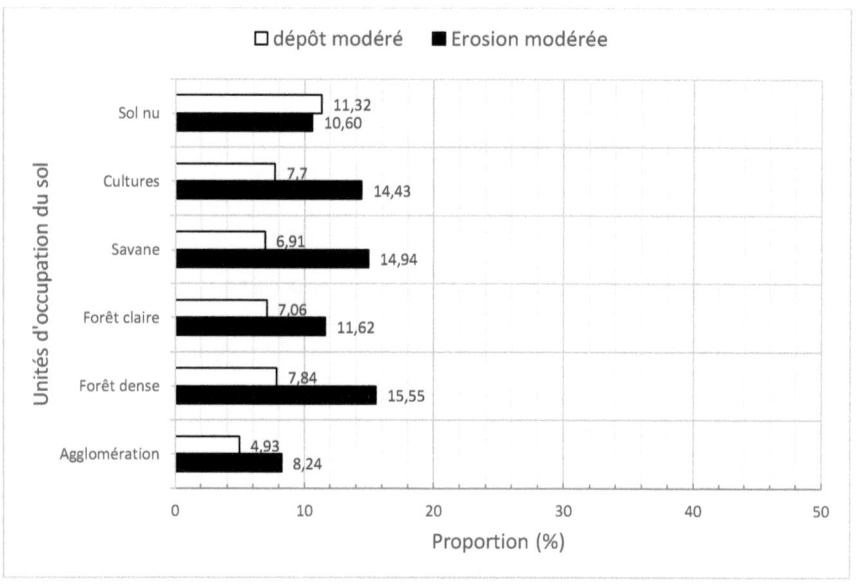

Figure 39 : Proportion d'unités exposées à une érosion et un dépôt modérés

De l'analyse de la figure 39, il ressort que 10,60% et 11,32% des sols nus, 14,43% et 7,7% des cultures, 14,94% et 6,91% des savanes, 11,62% et 7,06% des forêts claires, 15,55% et 7,84% des forêts denses et 8,24% et 4,93% des agglomérations sont touchés par une érosion et un dépôt modérée. En résumé, les formations végétales et les cultures sont les plus touchées par l'érosion dite modérée ; ensuite viennent les agglomérations et les sols nus. Les sols nus connaissent une plus forte proportion de dépôt à degré modéré

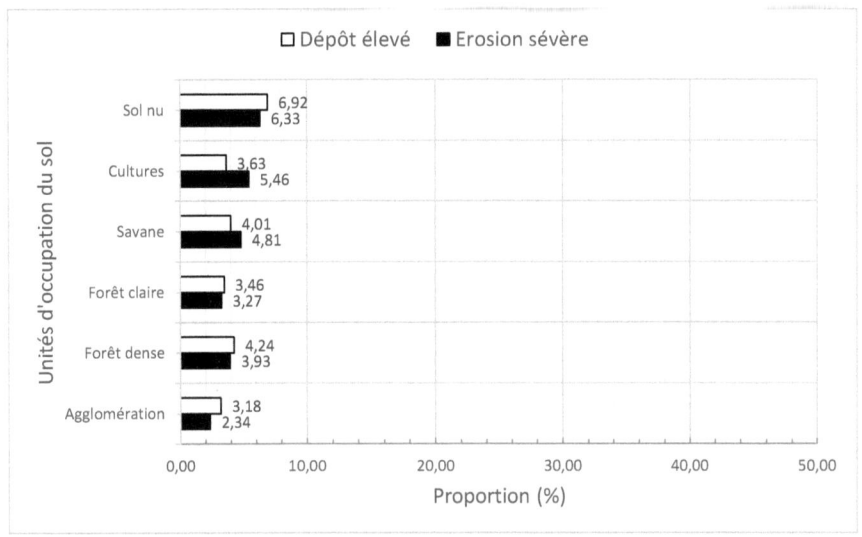

Figure 40 : Proportion d'unités exposées à une érosion sévère et un dépôt élevés

De l'analyse de la figure 40, il ressort que 6,33% et 6,92% des sols nus, 5,46% et 3,63% des cultures, 4,81% et 4,01% des savanes, 3,27% et 3,46% des forêts claires, 3,93% et 4,24% des forêts denses et 3,18% et 2,34% des agglomérations sont touchés par l'érosion dite sévère. En résumé les sols nus sont les surfaces la plus sévèrement érodée et avec un dépôt élevé.

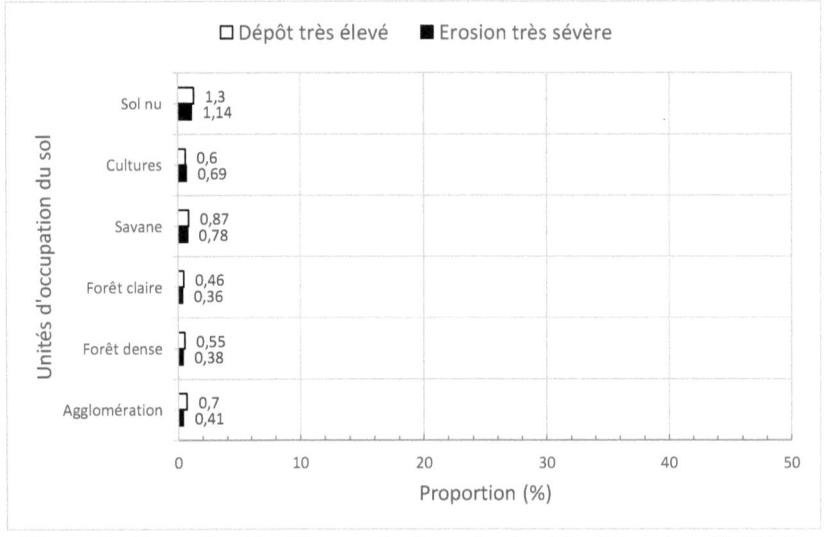

Figure 41 : Proportion d'unités exposées à une érosion très sévère et un dépôt très élevé

De l'analyse de la figure 41, il ressort que 1,14% et 1,3% des sols nus, 0,69% et 0,6% des cultures, 0,78% et 0,87% des savanes, 0,36% et 0,46% des forêts claires, 0,38% et 0,55% des forêts denses et 0,41% et 0,7% des agglomérations sont exposés à une très sévère érosion et un dépôt assez important. En résumé le sol nu est le plus très sévèrement érodé avec un dépôt très élevé. Mais vu la proportion de sol nu dans la zone d'étude, la proportion de sédiment perdu est évacuée autrement, soit au fond des rivières et cours d'eau, soit en dehors du bassin.

Au total, les formations végétales et les cultures sont les plus touchées par une érosion faible à modérée. D'après les figures, les sols nus sont affectés aussi bien par les dépôts élevés que par les érosions sévères. Ensuite viennent les agglomérations qui sont faibles dans les deux (2) catégories. La mise en culture d'un sol le rend sensible à l'érosion car la probabilité s'accroît d'avoir un sol nu lors des fortes précipitations : ceci est fonction des cultures et des techniques utilisées. L'urbanisation stocke le ruissellement ou au contraire favorise son cheminement. Cela peut accroître par conséquent sensiblement les risques d'érosion. Les principales caractéristiques des sols qui permettent de déterminer le degré de sensibilité à l'érosion hydrique sont les suivantes : la profondeur, la granulométrie, la texture, l'infiltration, la cohésion. La résistance à l'érosion hydrique est plus faible pour les sols superficiels (nus).

Dans ce chapitre, l'accent à été mis sur le calcul des paramètres hydro-morphométrique et environnementaux ; ensuite sur la détermination de facteurs en vue de la modélisation de l'érosion hydrique. Cette démarche a permis de caractériser le bassin et d'identifier les zones les plus exposées par l'aléa érosif.

4-4 Discussion

L'érosion hydrique est un l'un des risques majeurs observés dans le bassin versant de la Yéwa. Les résultats obtenus corroborent de façon générale les nombreuses études menées dans la sous régions et en Afrique. C'est notamment celles réalisées par : Collinet (1988), Sadiki (2004), Elbouqdaoui et al., (2005), Chen et al., (2008), El Garouani (2009), Boko (2009), Payet et al., (2011), Agoïnon et al., (2012), Agoïnon (2012), Aké et al., (2012), Tovide (2013), qui ont donné des résultats similaires à ceux obtenus dans le bassin versant de la Yéwa.

Pour la présente étude, l'utilisation des indices de forme, de réseau, de volume et croisés ont permis de quantifier le comportement hydrologique potentiel du bassin de la Yéwa. Des résultats semblables ont été obtenus par Haboudane (1999) qui a travaillé sur l'intégration des données spectrales et géomorphométriques pour la caractérisation de la dégradation des sols et l'indentification des zones de susceptibilité à l'érosion hydrique dans le bassin de la Guadalentin. Faye (2014), pour sa part a analysé la corrélation entre des paramètres morphométriques et leur influence sur l'hydrologie du bassin du fleuve Sénégal.

La mise en œuvre du modèle à base physique SIMWE apporte une information intéressante sur les processus (ruissellement, Erosion et dépôt de sédiment) en cours sur le bassin versant de la Yéwa. Certains auteurs l'ont utilisé et sont parvenus à des résultats concluants notamment : Mitasova et al., (1999) qui a expérimenté une simulation plus détaillées des impacts de l'utilisation des terres sur le processus de l'érosion hydrique sur un bassin pilote de l'Etat Illinois ; Thaxton et al., (2004) qui a réalisé une simulation distribuée de l'érosion hydrique et l'évolution des terrain dans le bassin du lac Wheeler, Koco (2011) qui a utilisé le modèle SIMWE pour la simulation des conséquences de l'érosion ravine sur le bassin de Šarišský. L'une des principales limites du modèle SIMWE est qu'on observe une perte de précision sur une grande échelle parce qu'il est conçu pour des zones ayant une extension maximale de quelques centaines d'hectares.

Dans la mise en place de la méthode, les difficultés apparues concernent essentiellement l'acquisition de données nécessaires pour alimenter le modèle, en particulier, la détermination des coefficients et les précipitations excédentaires. Les résultats pourraient être améliorés en utilisant des données sur l'intensité et la durée des averses et l'évapotranspiration. On note aussi une absence de validation des résultats du modèle. Pour pallier à ce problème, les perspectives futures de la recherche devront inclure cela. Il s'agit là donc d'une piste pour poursuivre la recherche afin de comparer l'érosion et dépôt estimée à celle effectivement observée sur le terrain.

CONCLUSION

L'étude de l'érosion et du transport des sédiments à l'échelle des bassins versants exige l'emploi d'outils d'analyse de plus en plus sophistiqués. Les résultats de ce travail montrent l'intérêt de l'utilisation de la technologie de la télédétection et des SIG dans l'évaluation de la susceptibilité des sols à l'érosion hydrique dans le bassin de la Yéwa. Ils donnent une information sur la répartition spatiale de l'érosion hydrique. La carte du risque d'érosion et de dépôt de sédiment élaborée pourrait constituer un document de base à différentes propositions d'aménagement.

L'étude a montré que le bassin enregistre un bilan négatif avec une perte d'environ 214718,16 t/ha/an et en majeur partie susceptible à une érosion faible à modérée. La nature lithologique des formations géologiques traduit le degré de vulnérabilité du substratum rocheux et du manteau pédologique face aux agents physiques d'altération. Le modèle numérique de terrain a été utilisé pour la modélisation de l'influence du relief et de ses propriétés géomorphométriques sur les processus de pente, en général, et les phénomènes du ruissellement, en particulier. Les précipitations déclenchent le processus de l'érosion hydrique tandis que la végétation limite ce processus, ce qui amène à attribuer au climat un effet érosif et à la végétation un effet protecteur. Les modèles d'érosion distribués à base physique développés à ce jour donnent des résultats relativement corrects au niveau des volumes ruisselés mais peu encourageants au niveau des pertes en sol (Jetten et al., 1999). La défaillance des modèles d'érosion du sol se traduit par une mauvaise estimation des flux qui quittent les versants pour entrer dans le réseau hydrographique (Georges, 2008). Les résultats de ces modèles pourrait tirer la sonnette d'alarme au près des politiques pour une bonne conservation des sols pour la pérennité des activités agricoles. Le modèle SIMWE apporte une aide importante aux décideurs et aux aménageurs pour simuler des scénarios d'évolution du bassin et planifier les interventions de lutte contre l'érosion, surtout dans les zones où l'érosion en nappe est prédominante sur l'érosion linéaire suivie d'une importante perte de sédiment. Elle permet aussi de suivre l'impact de l'utilisation des sols et des aménagements. Le bilan sédimentaire étant plus important du coté du Nigéria des mesures doivent donc être prise beaucoup plus du coté nigérian que du coté béninois pour une sécurité sur plan alimentaire des populations vivants dans le bassin.

Pour régler le problème de l'érosion des solutions simples, économiques et faciles à mettre en place n'existe que rarement. Il faut pratiquement toujours une période d'essai et plusieurs tentatives qui peut durer quelques années avant de trouver une stratégie adéquate. Les mesures de lutte contre l'érosion hydrique concernent la gestion agricole et la maîtrise de l'eau. En ce qui concerne la gestion agricole, on retient le développement par les populations agriculteurs des cultures et billonnage en courbe de niveau, des cultures intermédiaires et surtout une préservation du couvert végétal dense. Le billonnage augmente l'infiltration de l'eau et participe à la dimunition de la vitesse du ruissellement grâce à la rugosité apportée par ces éléments. Pour ce qui est de la maîtrise de l'eau, on retient la mise en place d'un système de gestion du ruissellement par une approche de Gestion Intégrée des Ressources en Eau (GIRE). Ce qui représente un processus de promotion du développement et de la gestion coordonnée de l'eau, des terres et des ressources associcées.

Pour finir, les résultats obtenus ici sur le bassin de la Yéwa sont d'autant plus importants que les études et mesures de l'érosion hydrique dans cette zone étaient très rares voire inexistantes. Et les paramètres hydro-morphométriques déterminent en partie les modalités de l'écoulement dans le bassin. En perspective, il serait intéressant de voir l'impact de ce risque d'érosion hydrique sur les populations vivantes dans le bassin avec une prévision vers le futur ; ou encore l'application du modèle sur d'autres bassins où des travaux de cartographie de l'état de l'érosion par les méthodes conventionnelles sont disponibles afin de comparer les résultats obtenus.

REFERENCES BIBLIOGRAPHIQUES

Adam K. S. et Boko M. (1993) : *Le Bénin*. Les Editions du Flamboyant/EDICEF, 96 p.

Adeaga O., (2005): *Modelling Rainfall-Runoff Relationship in Ungauged Basins: A Case Study of Yéwa Basin*. PhD Thesis, University of Lagos (UNILAG), AMMA CATCH, 304p.

Adeaga O., (2011): *Morphométric analysis of Yewa drainage Basin, Southwest Nigeria*, Lagos Journals of Geo-Information Sciences (LJGIS), volume 1, Number 1, pp31- 40.

Agoïnon N., Toffi M. D., Orekan V., Tchibozo H. C. F., Oyédé L. M., (2012) : *Erodibilité pluviale et gestion des terres agricoles dans le bassin inferieur du zou (Bénin en Afrique de l'Ouest)*. Revue de Géographie de l'Université de Ouagadougou N°01 - ISSN : 0796-9694, pp55-71.

Agoïnon N., (2012) : *Etude morphodynamique du bassin versant du Zou à l'exutoire de Domè (Bénin)*, Thèse de doctorat unique, de l'université d'Abomey-Calavi, Bénin, 239p.

Aké G. E., Kouadio B. H., Adja M. G., Ettien J-B., Effebi K. R., Biémi J., (2012) : *Cartographie de la vulnérabilité multifactorielle à l'érosion hydrique des sols de la région de Bonoua (Sud-Est de la Côte d'Ivoire)*, Physio-Géo, Volume 6, 20p.

Amoussou E., (2010) : *Variabilité pluviométrique et dynamique hydro-sédimentaire du bassin versant du complexe fluvio-lagunaire Mono-Ahémé-Couffo (Afrique de l'Ouest)*. Thèse de doctorat, Université de Bourgogne, 315p.

Asiwaju, A. I., (1976) : *Western Yorubaland Under European Rule, 1889-1945: A Comparative Analysis of French and British Colonialism*. Atlantic Highlands, NJ: Humanities Press; London: Longman, 220p.

Asiwaju, A. I., (2002) : *West African Transformations: Comparative Impacts of French and British Colonialism*, Malthouse Press, 2002., 52p.

Azontondé H.A. (1991) : *Propriétés physiques et hydrauliques des sols au Bénin*, Soil Water Balance in the SudanoSahelian Zone (Proceedings of the Niamey Workshop, February 1991). IAHS Publ. no. 199, 90p.

Bachaoui B., Bachaoui E. M., El-Harti A., Bannari A., El-Ghmari A., (2007) : *Cartographie des zones à risque d'érosion hydrique : exemple du haut atlas marocain*, revue de télédétection, vol. 7, N° 1-2-3-4, pp393-404.

Ballouche A., Akoègninou A., Neumann K.,Salzmann U. et Sowunmi A., (2000) : *Le projet "dahomey gap": une contribution a l'histoire de la vegetation au sud-benin et sud-ouest du nigeria*. Berichte des Sonderforschungsbereichs 268, Band 14, Frankfurt a.M., pp237-251.

Banton, O., Bangoy L.M., (1997) : *Hydrogéologie*, Presses de l'Université du Québec, Québec, Canada. 460 p.

Batti A., (2005) : *Spatialisation des pluies extrêmes et cartographie de l'aléa « érosion des sols » dans les bassins versants en amont du lagon Saint Gilles (Île de la Réunion)*, Système d'Informations Localisées pour l'Aménagement ses Territoires (SILAT), UMR3S CEMAGREF Montpellier 55p.

Batti A., Depraetere C. (2007): *Analyse méthodologie : Panorama des méthodes d'analyse de l'érosion dans un contexte insulaire*, Composante 1A – Projet 1A4 Gestion Côtière intégrée, IRD, 28p.

Bendjoudi H., Hubert P., (2002) : *Le coefficient de compacité de Gravelius: analyse critique d'un indice de forme des bassins versants*. Hydrological Sciences-Journal-des Sciences Hydrologiques, 47(6), pp921-930.

Biobaku, S. O., (1956): *"The problem of traditional history, with Special Reference to Yoruba tradition,"* Journal of the Historical Society of Nigeria, Vol. 1, No. 1, 1956, pp43-47.

Boko G. J., (2009): *Cartographie du risque érosif en utilisant l'USLE et les SIG : cas du bassin béninois du Niger*, Mémoire de DEA, EDP/FLASH, UAC, 96p.

Bonn F., Cyr L., Anys H., Chakroun H., (1994): *Une modélisation spatiale des pertes de sol liées à l'érosion hydrique*. In: Bonn F, éd. Télédétection de l'environnement dans l'espace francophone. ACCT/PUQ, pp75-97.

Bonn F., (1998): *La spatialisation des modèles d'érosion des sols à l'aide de la télédétection et des SIG: possibilités, erreurs et limites*, Cahier Sécheresse, vol. 9, n° 3, p 185-192

Bou Kheir R., Girard M-C., Shaban A., Khawlie M., Faour G., Darwich T., (2001): *Apport de la télédétection pour la modélisation de l'érosion hydrique des sols dans la région côtière du Liban*, Revue de Télédétection, Vol. 2, n° 2, pp79-90.

Bou Kheir R., Girard M-C., Khawlie M., et C. Abadallah (2001) : *Erosion hydrique des sols dans les milieux méditerranéens : une revue bibliographique*.Revue de Etude et Gestion des sols, Volume 8, 4, pp231- 245.

Bouzou Moussa I, Descroix L, Faran M. O., Gautier E, Adamou M. M., Esteves M., Yéro S. K, Malam A. M., Mamadou I, Le Breton E, Abba B., (2011): *Les changements d'usage des sols et leurs conséquences hydrogéomorphologiques sur un bassin-versant endoréique sahelien*. Sècheresse 22: 13-24. pp13-24.

Cheggour A., (2008) : *Mesures de l'érosion hydrique à différentes échelles spatiales dans un bassin versant montagneux semi-aride et spatialisation par des S.I.G. : Application au bassin versant de la Rhéraya, Haut Atlas, Maroc.* Thèse de doctorat. Faculté Des Sciences Semlalia Marrakech, Université CADI AYYAD, 231p

Chen H., El Garouani W. A., Fès, Lewis L. A., (2008): *Modelling soil erosion and deposition within a Mediterranean mountainous environment utilizing remote sensing and GIS* – Wadi Tlata, Geographica Helvetica Jg. 63 / Heft1, pp36-47.

Chérif R., Robert J.-L., Lagacé R., (2004): *Optimisation des paramètres Green et Ampt pour un modèle conceptuel pluie–infiltration–ruissellement.* Canadian Biosystems Engineering, Volume 46. 8p.

CNUED, (1992) : *Rapport de la Conférence des Nations Unies sur l'Environnement et le Développement.* RIO, Agenda 21, Chap. 3, 14, 26, 344 p.

Collinet J., (1988): *Étude expérimentale de l'érosion hydrique de sols représentatifs de l'Afrique de l'Ouest*, Cahier ORSTOM, série pédologie, vol. XXIV, no 3, pp235-254.

Coque R., (1993) :*Géomorphologie.* Paris : Armand Colin, 503p.

Davakan M. R., (2013): *Le régime international de l'eau au Bénin : réalité et perspectives pour une meilleure gestion,* mémoire de fin de formation du cycle I pour l'obtention du diplôme de technicien supérieur, Ecole Nationale d'Administration et de Magistrature, Université d'Abomey-Calavi, 97p.

Dehni A., Chikh M., Lounis M., (2013): *Apport des Modèles Numériques de Terrain « M.N.T » à la spatialisation des indicateurs hydro-géo-morphométriques (Application au Bassin versant de la Tafna)* In: Recueil des résumés de la Rencontre des Sciences Géomatiques 08 et 09 Avril, pp39-40.

Delahaye D., Douvinet J., Langlois P., (2005): *Rapport à mi-parcours du programme ACI Systèmes Complexes en SHS.* Acte des Journées Systèmes Complexes en SHS, Paris, pp61-69.

Délusca K., (1998): *Estimation de l'érosion hydrique des sols à l'aide de l'Équation Universelle de Perte de Sol assistée d'un Système d'Information Géographique : Le cas du bassin versant de la ravine Balan, Haïti.* Thèse de doctorat, Faculté des Études Supérieures et de la Recherche, Université de Moncton, 104p.

Demangeot, J. (1996): *Les milieux naturels du globe.* Armand Colin, Paris, 337p.

Depraetere C., Lalubie G., (2012): *Analyse hydro-géomorphométrique des massifs volcaniques aux Petites Antilles*, Rapport d'étape, Projet CARIBSAT, 18p.

Derruau M., (1988) : *Précis de Géomorphologie*. Paris. Masson, 503p.

DGE, (2008) : *Atlas hydrographique du Bénin : Un Système d'Information sur l'hydrographie*, FINANCEMENT DANIDA - Programme d'appui au développement du secteur Eau et Assainissement, 22p.

Domingo E., (1996) : *Pression agricole et risques d'érosion dans le bassin versant du Lomon, affluent du Mono (département du Mono-Bénin)*, Université Nationale du Bénin, pp181-194.

Duchemin M., Lachance M., Morin G., Lagacé R., (2001) : *Approche géomatique pour simuler l'érosion hydrique et le transport des sédiments à l'échelle des petits bassins versants*, Water Qual. Res. J. Canada, Volume 36, No. 3, pp435–473.

Ducrot D. (2005) : *Méthodes d'analyse et d'interprétation d'images de télédétection multi-sources : Extraction de caractéristiques du paysage*, Habilitation à diriger des recherches INP Toulouse. 240p

Dubreuil P., (1974) : *Introduction à l'analyse hydrologique*, Masson-ORSTOM, Paris, 216p

Elbouqdaoui, K., H. Ezzine, M. Badrahoui, M. Rouchdi, M. Zahraoui et M. Ozer, (2005) : *Approche méthodologique par télédétection et SIG de l'évaluation du risque potentiel d'érosion hydrique des sols sur le bassin versant de l'oued Srou (Moyen-Atlas, Maroc)*, GeoEcoTrop, n° .29, pp. 25-36.

El Garouani A., (2000) : *Caractérisation hydrologique de bassins versants par télédétection et SIG : Application à la région d'Asilah (N.W. de Maroc) et la région de la basse vallée de la Medjerda (N.E. de Tunisie)*. Thèse de Doctorat, Faculté des Sciences et Techniques, Fès, Maroc, 210 p.

Eswaran, H., Lal, R., and Reich, P. F., (2001) : *Land degradation: an overview. In Responses to Land Degradation*, ed. E.M. Bridges, I.D. Hannam, L.R. Oldeman, F.W.T. Pening de Vries, S.J. Scherr, and S. Sompatpanit. Proceedings of the 2nd. International Conference on Land Degradation and Desertification, Khon Kaen, January 1999. New Delhi: Oxford Press.

FAO (1990) : *Conservation des sols et des eaux dans les zones semi-arides*. Bulletin pédologique N° 57 : pp1-182.

FAO, (1994) : *Guide pratique d'aménagement des bassins versants: Conception et construction des routes dans les bassins sensibles*. cahiers FAO : conservation des sols N°13/5, Rome.230p

FAO (2009) : *Profil du bassin de l'Ouémé et caractérisation des sites pilotes (analyse des données)* : PROJET GCP/GLO/207/ITA, 64p.

Fárek V., Unucka J., (2010) : *Modelování povrchového odtoku v extrémním reliéfu*, GIS Ostrava 24, - 27, 9p.

Faye C., (2014) : *Méthode d'analyse statistique de données morphométriques : corrélation de paramètres morphométriques et influence sur l'écoulement des sous-bassins du fleuve Sénégal.* Cinq Continents 4 (10): pp80-108.

Flanagan, D. C., Nearing M. A., (1995) : *USDA-Water Erosion Prediction Project: Hillslope profile and watershed model documentation*. NSERL Report No. 10. West Lafayette, Ind.: USDA-ARS National Soil Erosion Research Laboratory, 7p.

Georges Y. (2008) : *Contribution à l'évaluation de l'érosion dans le bassin versant de la rivière Grise (Haïti) pour un meilleur plan d'aménagement*. Mémoire en vue de l'obtention du diplôme de Master complémentaire en Gestion des risques naturels, Faculté universitaire des sciences agronomiques de Gembloux, Belgique, 57p.

Gillijns K., Govers G., Poesen J., Mathijs E., Bielders C., (2005) : *Cahier N°10 Erosion des sols en Belgique, Etat de la question*, IRGT, Bruxelles, 80p

Grouzis M., (2012) : *Dégradation des écosystèmes in: l'eau au cœur de la science*, IRD Editions, 162p

GWP / ROIB, (2009) : *Manuel de Gestion Intégrée des Ressources en Eau par Bassin,* Global Water Partnership (GWP) et le Réseau International des Organismes de Bassin (RIOB), 112p.

Haboudane D., (1999) : *Intégration des données spectrales et géomorphométriques pour la caractérisation de la dégradation des sols et l'identification des zones de susceptibilité à l'érosion hydrique*. Thèse de doctorat, Département de géographie et télédétection, Faculté des lettres et sciences humaines, Université de Sherbrooke, Sherbrooke, Québec, 180 p.

Hofierka J., Mitasova H., Lubos Mitas L., (2002) : *GRASS and modeling landscape processes using duality between particles and fields*, Proceedings of the Open source GIS - GRASS users conference 2002 - Trento, Italy, 11p.

Horton R. E., (1945) : *Erosional development of streams and their drainage basins (hydrophysical approach to quantitative morphology)*, Geological Society of America Bulletin, v. 56. pp.275-390

Houbib H., (2012) : *Analyse Multicritères des composantes du Milieu à l'aide des techniques de la géomatique pour un aménagement intégré de la vallée de Oued Mellagou- Bouhmama W. Khenchela,* Mémoire de fin d'étude en vue de l'obtention de diplôme de Magister en Aménagement de Territoire. Université El Hadj Lakhdar-Batna. 210p.

Igue J. O. et Zinsou-Klassou K., (2010) : *Frontières, espaces de développement partagé*. Collection Maîtrise de l'espace de développement, KARTHALA. 182p.

Iloeje, N. P. (1976) : *A new geography of Nigéria metricated*. edition, Publ. Longman Nigéria limited, pp14-81.

Iloeje, N.P. (2001) : *A new geography of Nigeria. New Revised* .Edition. Longman Nigeria PLC. 200 p.

Jetten, V. (2002) : *LISEM user manual, version 2.x. Draft version January, 2002.* Utrecht, Netherlands: Utrecht Center for Environment and Landscape Dynamics, Utrecht University, 64p.

Johnson, S., (1973) : *The history of the Yorubas*, Lagos: C.S.S. 120p.

Juglea, S. (2011) : *Simulation de l'humidité du sol / température de brillance à partir des données in situ dans le cadre de la validation des produits SMOS - site test Valencia Anchor Station* – Thèse de doctorat, CESBIO, Université Toulouse 3 Paul Sabatier (UT3 Paul Sabatier), 175p.

Junge B., Abaidoo R., Chikoye D., and Stahr K., (2008) : *Soil Conservation in Nigeria: Past and Present On-Station and On-Farm Initiatives.* the Soil and Water Conservation Society Ankeny, Iowa. 34p.

Khuat Duy B., (2011) : *Modélisation spatialement distribuée et physiquement basée d'écoulements hydrologiques et hydrodynamiques pour l'aide à la gestion d'ouvrages hydrauliques*, Thèse de doctorat, Université de Liège, 376p.

Kinthada N. R., Krosuru S. P., Gurram M. K., (2013) : *Gis and remote sensing in hydrogeomorphological mapping and integrated agro action plan development for sustainable land-water resource management in domaleru watershed*, Prakasam district, A.P., INDIA, Volume 3, Issue 1, pp11-18.

Koco Š. (2011) : *Simulation of gully erosion using the SIMWE model and GIS*, Landform Analysis, Vol. 17, pp 81–86.

Kovar, K., Nachtnebel, H.P., (1996) : *Application of Geographic Information Systems in Hydrology and Water Resources Management.* Proceedings of the HydroGIS'96 Conference held in Vienna, Austria, from 16 to 19 April 1996. IAHS Publication N° 235,

Krebs V. F., (2011) : *Der Vergleich der ASTER GDEM und SRTM C-Band Geländehöhendaten für geomorphometrische und hydrologische Analysen*, Goethe-Universität Frankfurt am Main, 134p.

Laborde J. P., (2007) : *Eléments d'Hydrologie de surface.* Ecole Polytechnique de l'Université de NICE-SOPHIA ANTIPOLIS. Département Hydroinformatique et Ingénierie de l'Eau, France. 217p.

Lal, R. (2001) : *Soil Degradation by Erosion. Land Degradation and Development* 12: pp519-539.

Le Barbé L, Alé G, Millet B, Texier H, Borel Y et Gualde R., (1993) : *Les ressources en eaux superficielles de la République du Bénin.* Edition ORSTOM. 540 p.

Loup J., (1974) : *Les eaux terrestres, hydrologie continentale.* Masson, Paris, 171 p.

Melton M. A., (1965) : *The geomorphic and paleoclimatic significance of alluvial deposits in Southern Arizona,* Journal of Geology, v. 73p.

Merritt W. S., Letcher R. A., Jakeman A. J. (2003) : *A review of erosion and sediment transport models,* Environmental Modelling & Software 18, pp.761–799

Miller, V.C. (1953) : *A Quantitative geomorphic study of drainage basin characteristics in the Clinch Mountain area, Virginia and Tennessee,* Proj. Tech Rep 3, Columbia University, Department of Geology, ONR, New York. pp.389-402.

Mitas L., Mitasova H., (1998) : *Distributed soil erosion simulation for effective erosion / deposition modeling and enhanced dynamic visualization.* Water Resources Research 34: pp.505 - 516.

Mitasova H., Brown W. M., Mitas L., Warren S., (1997) : *Gis environment for simulation and analysis of landscape processes,* Illinois GIS and Mapnotes Fall, pp.7-14.

Mitasova H., Thaxton C., Hofierka J., McLaughlin R., Moore A., Mitas L., (1999) : *Path sampling method for modeling overland water flow, sediment transport, and short term terrain evolution in Open Source GIS,* University North Carolina, 12p.

Mitasova H., Mitas L., Brown W. M., (1999) : *Multiscale Simulation of Land Use Impact on Soil Erosion and Deposition Patterns, Sustaining the Global Farm.* Selected papers from the 10th International Soil Conservation Organization Meeting held May 24-29, at Purdue University and the USDA-ARS National Soil Erosion Research Laboratory, 7p.

Mondal P., (2013) : *Morphometric Analysis of Birbhum District, Asian Journal of Multidisciplinary Studies,* Volume1, Issue 4, 8p.

Moukhchane M., (2002) : *Différentes méthodes d'estimation de l'érosion dans le bassin versant du Nakhla (Rif occidental, Maroc),* 1LG, ENS, B.P.209, Tétouan, Maroc, pp255-266.

Musy A., Higy C. (2003) : *Hydrologie : une science de la nature*. Presse polytechniques et universitaires romandes, 314p.

Ojinnaka O. C., (2013) : *Hydrography in Nigeria and Research Challenges*. Hydrographic Education and Standards – 6439, FIG Working Week 2013 Environment for Sustainability Abuja, Nigeria, 11p.

Ologe, K.O., (1988) : *Soil erosion characteristics, processes and extent in the Nigerian savanna. In Proceedings of the Conference on Ecological Disasters in Nigeria: Soil Erosion.* Owerri, September 1986, Lagos: Federal Ministry of Science and Technology. pp26-47.

Ouattara T., (2002) : *Modélisation de l'érosion hydrique en milieu semi-aride de forte énergie de relief à partir de données de télédétection : application à la Bolivie*. Thèse présentée pour l'obtention du grade de Philosophae Doctor (Ph.D) en télédétection. Université de Shrebrooke. 194p.

Payet E., Dumas P., Pennober G., (2011) : *Modélisation de l'érosion hydrique des sols sur un bassin versant du sud-ouest de Madagascar, le Fiherenana*, VertigO - la revue électronique en sciences de l'environnement, Volume 11 - Numéro 3, 26p

Plantier M., (2003) : *Prise en compte de caractéristiques physiques du Bassin versant pour la comparaison des approches globale et semi-distribuée en modélisation pluie-débit*. Mémoire pour l'obtention: du diplôme d'Ingénieur de l'ENGEES et du DEA Mécanique et Ingénierie (option « Sciences de l'eau »), Université Louis Pasteur Strasbourg, 94p.

Pregnolato M., D'Amico M., (2011) : *Water Regime in the Alpine Space: Soil Erosion in a Changing Environment - Technical Report*, Water Regime in the Adda Basin, AdaptAlp WP 4 Regional Report, 84p

Rahaman M. A. O., (1972) : *Geological map of Ilero Area at 1:50000 scale*. Unpubl. Report. Dept. of Geology. University of Ibadan. 52p.

Rahman, A., Weinmann P. E., (2002) : "*Monte Carlo simulation of flood frequency curves from rainfall.*" Journal of Hydrology 256(3-4): pp196-210.

Raufaste E., (2003) : *Quelques conseils pour la rédaction d'un mémoire de maîtrise*, 16p.

Renard, K. J., Foster.G.R, G. A. Weesies, D. K. McCool, and D. C. Yoder. (1972) : *Predicting soil erosion by water: A guide to conservation planning with the revised universal soil loss equation (RUSLE)*. U.S. Department of Agriculture, AH-703.

Riazanoff S., (1989) : *Extraction et analyse automatiques de réseaux à partir de MNT – contributions à l'analyse d'images de télédétection*. Thèse de l'Université Paris 7, 41 p.

Riser J. (1999) : *La géographie physique de l'Afrique occidentale et central*, Edition Marcketing S.A., Paris, 157p.

Roche M., (1963) : *Hydrologie de surface*, ORSTOM et Gauthier-Villars Ed. PARIS. 385p.

Roose E. (1977) : *Erosion et ruissellement en Afrique de l'Ouest*, Ed. ORSTOM, 108p.

Rosnoblet P., (2009) : *Paramétrisation du modèle d'infiltration / ruissellement*, Chapitre IV, pp91 – 118.

Sadiki A., Boulhassa S., Auajjar J., Faleh A., Macaire J. (2004) : *Utilisation d'un SIG pour l'évaluation et la cartographie des risques d'érosion par l'Equation universelle des pertes en sol dans le Rif oriental (Maroc) : cas du bassin versant de l'oued Boussouab*, Bulletin de l'Institut Scientifique, Rabat, section Sciences de la Terre, 2004, n°26, p. 69-79

Schoorl J. M., Veldkamp A., Bouma J., (2002) : *Modeling water and soil redistribution in a dynamic landscape context, Soil Science Society of America* Journal 66; ProQuest Environmental Science Collection, 10p.

Schumm S. A., (1956) : *Evolution of drainage systems and slopes in badlands at Perth Amboy, New Jersey*, Geological Society of America Bulletin, v. 67, pp.597–646

Serrat P., Depraetere C., (1997) : *Incidences de facteurs géomorphologiques dans le fonctionnement d'un bassin: exemple de l'Agly (Pyrénées Orientales)*. Géomorphologie: relief, processus, environnement 1, pp63–88.

Simonneaux V., (2012) : *L'eau façonne les reliefs, in: l'eau au cœur de la science*, IRD Editions, 162p.

Sindlaloum B., (2006) : *Hydrologie urbaine de Djougou. Mémoire de maîtrise* DGAT/U.A.C, 58p.

Singh, V. P., (1995) : *Computer Models of Watershed Hydrology*. Highlands Ranch, CO: Water Resources Publications, 24p.

Smith, K. G., (1950) : *Standards for grading texture of erosional topography*: American Journal of Sciences, v. 248, pp.655-668

Stamp, L. D., (1938) : *Land utilization and soil erosion in Nigeria. Geographical Review* 28 : pp32-45.

Strahler, A. N. (1964) : *Quantitative Geomorphology of Drainage Basin and Channel Network*. Handbook of Applied Hydrology, pp 39-76.

Strahler, A. N., (1952) : *Dynamic basis of geomorphology*: Bulletin of Geological Society of America, v. 63, pp.923–938.

Summer W., Walling D. E., (2002) : *Modelling erosion, sediment transport and sediment yield*, International Hydrological Programme, IHP-VI, Technical Documents in Hydrology No. 60 UNESCO, Paris, 263p.

Thaxton C. S., Mitasova H., Mitas L., Mc Laughlin R., (2004) : *Mutations of distributed watershed erosion, deposition, and terrain evolution using a path sampling monte carlo method,* Written for presentation at the 2004 ASAE / CSAE Annual International Meeting Sponsored by ASAE/CSAE Fairmont Chateau Laurier, The Westin, Government Centre Ottawa, Ontario, Canada, 14p.

Tovide G., (2013) : *Déterminants de la dynamique sédimentaire dans le basin versant du petit Kouffo (un sous-bassin du Zou)*, Mémoire de maîtrise de géographie, FLASH / UAC, 75p.

Uniyal S., Gupta P., (2013) : *Prioritization based on morphometric analysis of bhilangana watershed using spatial technology*, International Journal of Remote Sensing & Geoscience (IJRSG), Volume 3, Issue 1, pp49-52.

Van Rompaey A., Vieillefont V., Jones R., Montanarella L., Verstraeten G., Bazzoffi P., Dostal T., Krasa J., Devente J., Poesen J., (2003) : *Validation de l'aléa érosion des sols à l'échelle européenne*. European Soil Bureau Research Report No.13, Office for Official Publications of the European Communities, Luxembourg. 27p.

Vine P., Puech C., Gresillon J-M., (1997) : *La télédétection, un outil pour mettre en évidence le rôle hydrologique de la végétation et des états de surface*, Remote Sensing and Geographic Information Systems for Design and Operation of Water Resources Systems. IAHS Publ. no. 242, 13p.

Wall, G.J., D.R. Coote, E.A. Pringle, I.J. Shelton (2002) : *RUSLE-CAN - Équation universelle révisée des pertes de sol pour application au Canada. Manuel pour l'évaluation des pertes de sol causées par l'érosion hydrique au Canada*, Agriculture et Agroalimentaire Canada, N° de la contribution AAC2244F, 117p.

Warren S. D. (1998) : *Digital terrain modeling and distributed soil erosion simulation / measurement for minimizing environmental impacts of military training*. USACERL Interim Report 99/12, US Army Corps of Engineers. 48p.

Wischmeier W.H., Smith D.D. (1978) : *Predicting rainfall erosion losses – A guide to conservation planning*. U.S. Department of Agriculture, Agriculture Handbook N° 537. Washington, 58p.

Sites Web :

EUSOILS (page consultée le 20/08/2014) Soil Erosion,
Url : http://eusoils.jrc.ec.europa.eu/library/themes/erosion/

AGRITOP (page consultée le 20/08/2014) La base de données de publication du CIRAD,
Url:http://agritrop.cirad.fr/lorisinternet/jsp/system/win_main.jsp?welcome_page=servlet%2FMenuManager%3Fmenu%3Dmenu_search

World Wide Science (page consultée le 20/08/2014) Sample records for watershed scale model from WorldWideScience.org,
Url : http://worldwidescience.org/topicpages/w/watershed+scale+model.html

AUF (page consultée le 14/09/2014) Erosion hydrique,
Url : http://www.ma.auf.org/erosion/chapitre1/Chap1-sommaire.html

FAO (page consultée le 14/09/2014) Introduction à la gestion conservatoire de l'eau, de la biomasse et de la ...,
Url : http://www.fao.org/docrep/t1765f/t1765f0f.htm

Texas University (Page consultée le 14/09/2014) Optimal Operation of Large Agricultural Watersheds with Water Quality Restraints,
Url : http://repository.tamu.edu/handle/1969.1/6286

2IE et AUF (Page consultée le 14/09/2014) Erosion hydrique,
Url : http://www.bf.refer.org/toure/pageweb/erohydry.htm

2IE et AUF (Page consultée le 14/09/2014) Dégradation des sols, processus et facteurs,
Url : http://www.bf.refer.org/toure/pageweb/degrasols.htm

Mitasova H., (page consultée le 29/8/2014) Process Modeling and Simulations
Url : http://www4.ncsu.edu/~hmitaso/gmslab/papers/u130/u130.html

USDA (page consultée le 14/08/2014) Spatial modeling of soil detachment with RUSLE 3d,
Url :http://www4.ncsu.edu/~hmitaso/gmslab/reports/CerlErosionTutorial/denix/Models%20and%20Processes/RUSLE3d/RUSLE3d.htm

USDA, (page consultée le 16/10/2014) Appendix A. Detailed methodology of RUSLE calculations and metabolism estimates,
Url : http://www.esapubs.org/archive/appl/A017/052/appendix-A.htm

AJOL (page consultée le 3/10/2014) Essences végétales et techniques de restauration des zones d'érosion (dongas) du Parc W et de sa périphérie à Karimama (Nord-Bénin),
Url : http://www.ajol.info/index.php/jab/article/view/95075

CCSD (page consultée 3/10/14) Vulnérabilité des infrastructures urbaines à l'érosion pluviale dans la ville de Bangui,
Url : http://hal.archives-ouvertes.fr/hal-00332035/

Mitasova H., Mitas L., Brown W. M., Johnston D. M., (page consultée le 9/9/2014) Terrain modeling and Soil Erosion Simulations for Fort Hood and Fort Polk test areas.
Url :http://www4.ncsu.edu/~hmitaso/gmslab/reports/CerlErosionTutorial/denix/Advanced/ErosionRep99/cerl99/rep99.html

Université Nice-Sophia Antipolis et UOH (Page consultée le 30/10/2014) La dégradation des sols dans le monde,
Url : http://unt.unice.fr/uoh/degsol/

Université de Lyon 2 (page consultée le 25/9/2014) Le transport de sédiments,
Url : http://theses.univ-lyon2.fr/documents/getpart.php?id=lyon2.2008.pintomartins_d&part=154405

ECHO (Page consultée le 17/09/2014) L'infiltration et les ecoulements,
Url : http://echo2.epfl.ch/e-drologie/chapitres/chapitre5/chapitre5.html

ECHO (Page consultée le 17/09/2014) Les precipitations
Url : http://echo2.epfl.ch/e-drologie/chapitres/chapitre3/chapitre3.html

Bellingen L. V. (Page consultée le 18/10/2014) Géomorphologie,
Url : http://www.fossiliraptor.be/geomorphologie5.htm

Mitasova, H. L. Mitas, WM Brown, D. Johnston (page consultée le 30/9/2014) Outils SIG pour l'érosion / la modélisation des dépôts et la visualisation multidimensionnelle,
Url:http://www4.ncsu.edu/~hmitaso/gmslab/reports/CerlErosionTutorial/denix/Advanced/ErosionRep97/rep97.html

Soil and Water Conservation Society (Page consultée le 30/09/2014) Temporal variation in soil rill erodibility to concentrated flow detachment under four typical croplands in the Loess Plateau of China,
Url : http://www.jswconline.org/content/69/4/352.refs

Programme d'Informations Territoriales pour le Développement Durable (PITDD) (Page consultée le 24/11/2014) Fiche technique des bassins versants
Url :http://cnigs.ht/pitdd/index.php?option=com_content&view=article&id=200&Itemid=298

National Population Commission (Page consultée le 24/11/2014) CENSUSES, Url : http://www.population.gov.ng/index.php/censuses

NIMET (Page consultée le 24/11/2014) Download NiMet Seasonal Rainfall Prediction - Nigeria'll witness shorter rainy season in 2014,
Url : http://nimet.gov.ng/seasonal-rainfall-prediction-2014-by-NiMet

USDA (Page consultée le 23/11/2014) Monte Carlo Methods: CIS 5930/CIS 4930/MAP 5932/ISC 5932,
Url : http://www.cs.fsu.edu/~mascagni/Monte_Carlo.html

Ukessays (page consultée le 23/9/2014) rainfall excess and surface runaoff
URL : http://www.ukessays.com/essays/environmental-studies/rainfall-excess-and-surface-runoff.php

UN Food and Agriculture Organization. 2005 (page consultée le 27/03/2015) Global Assessment of the Status of Human-Induced Soil Degradation.
URL : http://www.fao.org/landandwater/agll/glasod/glasodmaps.jsp.

Mitas L., Mitasova H., (page consultée le 25/9/2014) Process based distributed erosion modeling using SIMWE, University of Illinois at Urbana-Champaign
Url : http://www4.ncsu.edu/~hmitaso/gmslab/erosion/simwe.html

GreenFacts - 2005. (Consultée le 31/03/2014) Consensus Scientifique sur la Dégradation des Ecosystèmes,
Url : http://www.greenfacts.org/fr/ecosystemes/

Bentekhici N., (page consultée le 01/12/2013) Utilisation d'un SIG pour l'évaluation des caractéristiques physiques d'un bassin versant et leurs influences sur l'écoulement des eaux (bassin versant d'Oued El Maleh, Nord-Ouest d'Algérie),
Url : http://www.esrifrance.fr/sig2006/bentekhici.html

Douvinet J., Delahaye D., Patrice Langlois P., (2008): Modélisation de la dynamique potentielle d'un bassin versant et mesure de son efficacité structurelle, Cybergeo: European Journal of Geography [En ligne], Systèmes, Modélisation, Géostatistiques, document 412, 24p.
URL: http://cybergeo.revues.org/16103 ; DOI : 10.4000/cybergeo.16103

LISTE DES TABLEAUX

Tableau 1: Caractéristiques et utilité des données _____ 41
Tableau 2 : Catégories de relief selon la classification de l'ORSTOM à partir de la Ds. ___ 48
Tableau 3 : Classement des risques et dépôts (USDA, 1995) _____ 59
Tableau 4 : Valeur des différentes variables de l'équation de l'Indice de pente de Roche __ 65
Tableau 5 : Rapport de bifurcation du bassin de la Yéwa _____ 73
Tableau 6 : Récapitulatif des caractéristiques hydro-morphométriques _____ 75
Tableau 7 : Matrice de confusion et indices de validation de la classification _____ 79
Tableau 8 : Erreur d'omission et de commission de la classification _____ 80
Tableau 9 : Valeur d'infiltration par type de sol présent dans le bassin. _____ 86
Tableau 10 : Valeurs du facteur C _____ 87
Tableau 11 : Valeurs du coefficient de rugosité de Manning par type d'occupation du sol et par texture de sol _____ 90
Tableau 12 : Valeurs de K en fonction du type de sol du bassin de la Yéwa _____ 94
Tableau 13 : Valeurs du coefficient de la capacité de transport et de cisaillement critique par texture de type de sol _____ 98

LISTE DES FIGURES

Figure 1 : Diagramme des classes texturales _____ 12
Figure 2 : Localisation du bassin de la Yéwa _____ 19
Figure 3 : Diagramme ombro-thermique des stations (1961-1990) _____ 21
Figure 4 : MNT du bassin de la Yéwa _____ 23
Figure 5 : Géologie du bassin de la Yéwa _____ 25
Figure 6 : Pédologie du bassin de la Yéwa _____ 28
Figure 7 : Hydrographie du bassin de la Yéwa _____ 30
Figure 8 : Evolution de la population dans les communes du bassin (Bénin) _____ 34
Figure 9 : Evolution de la population dans les subdivisions administratives de bassin (Nigéria) _____ 34
Figure 10 : Densité de population dans le bassin de la Yéwa _____ 36
Figure 11 : Processus de détermination des paramètres hydro-géo-morphométriques ___ 54
Figure 12 : Processus de modélisation de l'érosion hydrique _____ 57
Figure 13 : Courbe hypsométrique du bassin de la Yéwa _____ 63
Figure 14 : Hypsométrie du bassin de la Yéwa _____ 64
Figure 15 : Valeurs de la Pente dans le bassin de la Yéwa _____ 66
Figure 16 : Orientation du relief dans le bassin de la Yéwa _____ 68
Figure 17 : Courbure du relief dans le bassin de la Yéwa _____ 69
Figure 18 : Classification du réseau hydrographique _____ 71
Figure 19 : Profil en long du cours d'eau principal du bassin de la Yéwa _____ 72
Figure 20 : Hauteurs pluviométrique dans le bassin versant de la Yéwa _____ 78
Figure 21: Occupation du sol du bassin de la Yéwa (2014) _____ 82
Figure 22 : Répartition des unités d'occupation du sol dans le bassin de la Yéwa (2014) __ 83
Figure 23 : Gradient directionnel de débit dx (Pente E-W) _____ 85
Figure 24 : Gradient directionnel de débit dy (Pente N-S) _____ 85
Figure 25 : Taux d'infiltration par type de sol _____ 88

Figure 26 : Facteur de l'occupation du sol C _____ 88
Figure 27 : Hauteurs de précipitation excédentaire _____ 89
Figure 28 : Coefficient de rugosité de surface de Manning _____ 91
Figure 29 : Profondeur de ruissellement _____ 93
Figure 30 : Erodibilité des sols _____ 95
Figure 31 : Capacité de transport de sédiment _____ 97
Figure 32 : Contrainte de cisaillement critique _____ 99
Figure 33 : Flux de sédiments _____ 101
Figure 34 : Erosion / Dépôt net _____ 103
Figure 35 : Risques d'érosion et de dépôt dans le bassin versant de la Yéwa _____ 104
Figure 36 : Proportion des risques d'érosion et de dépôt _____ 105
Figure 37 : Proportion d'unités d'occupation du sol exposées à l'érosion et au dépôt (2014)
_____ 106
Figure 38 : Proportion d'unités exposées à une érosion et un dépôt faibles _____ 106
Figure 39 : Proportion d'unités exposées à une érosion et un dépôt modérés _____ 107
Figure 40 : Proportion d'unités exposées à une érosion sévère et un dépôt élevés _____ 108
Figure 41 : Proportion d'unités exposées à une érosion très sévère et un dépôt très élevé _ 108

ANNEXES

Annexe 1 : Module de simulation de l'écoulement de l'eau

NAME
r.sim.water - Overland flow hydrologic simulation using path sampling method (SIMWE).

KEYWORDS
raster, flow, hydrology

SYNOPSIS
r.sim.water
r.sim.water help

r.sim.water [-t] elevation=name dx=name dy=name [rain=name] [rain_value=float] [infil=name] [infil_value=float] [man=name] [man_value=float] [flow_control=name] [observation=name] [depth=name] [discharge=name] [error=name] [walkers_output=name] [logfile=name] [nwalkers=integer] [niterations=integer] [output_step=integer] [diffusion_coeff=float] [hmax=float] [halpha=float] [hbeta=float] [--overwrite] [--help] [--verbose] [--quiet] [--ui]

Flags:
-t
    Time-series output
--overwrite
    Allow output files to overwrite existing files
--help
    Print usage summary
--verbose
    Verbose module output
--quiet
    Quiet module output
--ui
    Force launching GUI dialog

Parameters:
elevation=name [required]
    Name of input elevation raster map
dx=name [required]
    Name of x-derivatives raster map [m/m]
dy=name [required]
    Name of y-derivatives raster map [m/m]
rain=name
    Name of rainfall excess rate (rain-infilt) raster map [mm/hr]
rain_value=float
    Rainfall excess rate unique value [mm/hr]
    Default: 50
infil=name
    Name of runoff infiltration rate raster map [mm/hr]
infil_value=float
    Runoff infiltration rate unique value [mm/hr]
    Default: 0.0
man=name

    Name of Manning's n raster map
man_value=float
    Manning's n unique value
    Default: 0.1
flow_control=name
    Name of flow controls raster map (permeability ratio 0-1)
observation=name
    Name of sampling locations vector points map
    Or data source for direct OGR access
depth=name
    Name for output water depth raster map [m]
discharge=name
    Name for output water discharge raster map [m3/s]
error=name
    Name for output simulation error raster map [m]
walkers_output=name
    Base name of the output walkers vector points map
    Name for output vector map
logfile=name
    Name for sampling points output text file. For each observation vector point the time series of sediment transport is stored.
nwalkers=integer
    Number of walkers, default is twice the number of cells
niterations=integer
    Time used for iterations [minutes]
    Default: 10
output_step=integer
    Time interval for creating output maps [minutes]
    Default: 2
diffusion_coeff=float
    Water diffusion constant
    Default: 0.8
hmax=float
    Threshold water depth [m]
    Diffusion increases after this water depth is reached
    Default: 0.3
halpha=float
    Diffusion increase constant
    Default: 4.0
hbeta=float
    Weighting factor for water flow velocity vector
    Default: 0.5

DESCRIPTION

r.sim.water is a landscape scale simulation model of overland flow designed for spatially variable terrain, soil, cover and rainfall excess conditions. A 2D shallow water flow is described by the bivariate form of Saint Venant equations. The numerical solution is based on the concept of duality between the field and particle representation of the modeled quantity. Green's function Monte Carlo method, used to solve the equation, provides robustness necessary for spatially variable conditions and high resolutions (Mitas and Mitasova 1998). The key inputs of the model include elevation (elevin raster map), flow gradient vector given by first-order partial derivatives of elevation field (dxin and dyin raster maps), rainfall excess rate (rain raster map or rain_val single value) and a surface roughness coefficient given by Manning's n (manin raster map or manin_val single value). Partial derivatives raster maps can be computed along with interpolation of a DEM using the -d option in v.surf.rst module. If elevation raster map is already provided, partial derivatives can be computed using r.slope.aspect module. Partial derivatives are used to determine the direction and magnitude of water flow velocity. To include a predefined direction of flow, map algebra can be used to replace terrain-derived partial derivatives with pre-defined partial derivatives in selected grid cells such as man-made channels, ditches or culverts. Equations (2) and (3) from this report can be used to compute partial derivates of the predefined flow using its direction given by aspect and slope.

The module automatically converts horizontal distances from feet to metric system using database/projection information. Rainfall excess is defined as rainfall intensity - infiltration rate and should be provided in [mm/hr]. Rainfall intensities are usually available from meteorological stations. Infiltration rate depends on soil properties and land cover. It varies in space and time. For saturated soil and steady-state water flow it can be estimated using saturated hydraulic conductivity rates based on field measurements or using reference values which can be found in literature. Optionally, user can provide an overland flow infiltration rate map infil or a single value infil_val in [mm/hr] that control the rate of infiltration for the already flowing water, effectively reducing the flow depth and discharge. Overland flow can be further controlled by permeable check dams or similar type of structures, the user can provide a map of these structures and their permeability ratio in the map traps that defines the probability of particles to pass through the structure (the values will be 0-1).

Output includes a water depth raster map depth in [m], and a water discharge raster map disch in [m3/s]. Error of the numerical solution can be analyzed using the err raster map (the resulting water depth is an average, and err is its RMSE). The output vector points map outwalk can be used to analyze and visualize spatial distribution of walkers at different simulation times (note that the resulting water depth is based on the density of these walkers). Number of the output walkers is controlled by the density parameter, which controls how many walkers used in simulation should be written into the output. Duration of simulation is controlled by the niter parameter. The default value is 10 minutes, reaching the steady-state may require much longer time, depending on the time step, complexity of terrain, land cover and size of the area. Output water depth and discharge maps can be saved during simulation using the time series flag -t and outiter parameter defining the time step in minutes for writing output files. Files are saved with a suffix representing time since the start of simulation in seconds (e.g. wdepth.500, wdepth.1000).

Overland flow is routed based on partial derivatives of elevation field or other landscape features influencing water flow. Simulation equations include a diffusion term (diffc parameter) which enables water flow to overcome elevation depressions or obstacles when water depth exceeds a threshold water depth value (hmax), given in [m]. When it is reached, diffusion term increases as given by halpha and advection term (direction of flow) is given as "prevailing" direction of flow computed as average of flow directions from the previous hbeta number of grid cells.

Annexe 2 : Module de simulation du transport de sédiment

NAME
r.sim.sediment - Sediment transport and erosion/deposition simulation using path sampling method (SIMWE).

KEYWORDS
raster, hydrology, soil, sediment flow, erosion, deposition

SYNOPSIS
r.sim.sediment
r.sim.sediment --help

r.sim.sediment elevation=name water_depth=name dx=name dy=name detachment_coeff=name transport_coeff=name shear_stress=name [man=name] [man_value=float] [observation=name] [transport_capacity=name] [tlimit_erosion_deposition=name] [sediment_concentration=name] [sediment_flux=name] [erosion_deposition=name] [logfile=name] [walkers_output=name] [nwalkers=integer] [niterations=integer] [output_step=integer] [diffusion_coeff=float] [--overwrite] [--help] [--verbose] [--quiet] [--ui]

Flags:
--overwrite
    Allow output files to overwrite existing files
--help
    Print usage summary
--verbose
    Verbose module output
--quiet
    Quiet module output
--ui
    Force launching GUI dialog

Parameters:
elevation=name [required]
    Name of input elevation raster map
water_depth=name [required]
    Name of water depth raster map [m]
dx=name [required]
    Name of x-derivatives raster map [m/m]
dy=name [required]
    Name of y-derivatives raster map [m/m]
detachment_coeff=name [required]
    Name of detachment capacity coefficient raster map [s/m]
transport_coeff=name [required]
    Name of transport capacity coefficient raster map [s]
shear_stress=name [required]
    Name of critical shear stress raster map [Pa]
man=name
    Name of Manning's n raster map
man_value=float
    Manning's n unique value

Default: 0.1
observation=*name*
   Name of sampling locations vector points map
   Or data source for direct OGR access
transport_capacity=*name*
   Name for output transport capacity raster map [kg/ms]
tlimit_erosion_deposition=*name*
   Name for output transport limited erosion-deposition raster map [kg/m2s]
sediment_concentration=*name*
   Name for output sediment concentration raster map [particle/m3]
sediment_flux=*name*
   Name for output sediment flux raster map [kg/ms]
erosion_deposition=*name*
   Name for output erosion-deposition raster map [kg/m2s]
logfile=*name*
   Name for sampling points output text file. For each observation vector point the time series of sediment transport is stored.
walkers_output=*name*
   Base name of the output walkers vector points map
nwalkers=*integer*
   Number of walkers
niterations=*integer*
   Time used for iterations [minutes]
   Default: 10
output_step=*integer*
   Time interval for creating output maps [minutes]
   Default: 2
diffusion_coeff=*float*
   Water diffusion constant
   Default: 0.8

DESCRIPTION

r.sim.sediment is a landscape scale, simulation model of soil erosion, sediment transport and deposition caused by flowing water designed for spatially variable terrain, soil, cover and rainfall excess conditions. The soil erosion model is based on the theory used in the USDA WEPP hillslope erosion model, but it has been generalized to 2D flow. The solution is based on the concept of duality between fields and particles and the underlying equations are solved by Green's function Monte Carlo method, to provide robustness necessary for spatially variable conditions and high resolutions (Mitas and Mitasova 1998). Key inputs of the model include the following raster maps: elevation (elevation [m]), flow gradient given by the first-order partial derivatives of elevation field (dx and dy), overland flow water depth (water_depth [m]), detachment capacity coefficient (detachment_coeff [s/m]), transport capacity coefficient (transport_coeff [s]), critical shear stress (shear_stress [Pa]) and surface roughness coefficient called Manning's n (man raster map). Partial derivatives can be computed by v.surf.rst or r.slope.aspect module. The data are automatically converted from feet to metric system using database/projection information, so the elevation always should be in meters. The water depth file can be computed using r.sim.water module. Other parameters must be determined using field measurements or reference literature (see suggested values in Notes and References).

Output includes transport capacity raster map transport_capacity in [kg/ms], transport capacity limited erosion/deposition raster map tlimit_erosion_deposition [kg/m2s]i that are output almost immediately and can be viewed while the simulation continues. Sediment flow rate raster map sediment_flux [kg/ms], and net erosion/deposition raster map [kg/m2s] can take longer time depending on time step and simulation time. Simulation time is controled by niterations [minutes] parameter. If the resulting erosion/deposition map is noisy, higher number of walkers, given by nwalkers should be used.

TABLES DES MATIERES

SOMMAIRE .... *i*
DEDICACE .... *ii*
REMERCIEMENTS .... *iii*
SIGLES ET ABREVIATIONS ....*iv*
RESUME .... *v*
ABSTRACT .... *v*
INTRODUCTION *1*
CHAPITRE I : CADRE THEORIQUE DE L'ETUDE *4*
1-1 Problématique *4*
1-2 Questions de recherche *8*
1-3 Objectifs de l'étude *8*
1-4 Clarification des concepts *8*
    1-4-1 Erosion 8
    1-4-2 Notion de "Bassin Versant" 10
    1-4-3 La texture du sol 12
1-5 Revue de littérature *13*
CHAPITRE II : PRESENTATION DE LA ZONE D'ETUDE *18*
2-1 Situation géographique *18*
2-2 Cadre physique *20*
    2-2-1 Caractéristiques climatiques 20
    2-2-2 Aspects topographiques et géomorphologiques 21
    2-2-3 Aspects géologiques et pédologiques 23
    2-2-4 Hydrographie 29
    2-2-5 Formations végétales 31
2-3 Traits socio-économiques *32*
    2-3-1 Histoire 32
    2-3-2 Démographie 33
    2-3-3 Activités économiques 37
CHAPITRE III : DEMARCHE METHODOLOGIQUE *39*
3-1 Matériel *39*
    3-1-1 Acquisition des données 39
    3-1-2 Outils et logiciels utilisés 42
    3-1-3 Documentation 42
    3-1-4 Observation de terrain 43
3-2 Méthodes *43*
    3-2-1 Caractérisation hydro-géo-morphométriques du bassin 43
        a)   Les paramètres hydro-morphométriques 43
            a-1- Indices de forme 44
            a-2- Indices de volume 46
            a-3- Indices de réseau 49
            a-4- Indices croisés 51
        b)   Les paramètres environnementaux 53
    3-2-2 Processus de simulation de l'érosion hydrique (SIMWE) 55
    3-2-3 Indentification des unités spatiales les plus exposées 58
CHAPITRE IV : RESULTATS ET DISCUSSION *61*
4-1 Analyse hydro-géo-morphométrique du bassin de la Yéwa *61*
    4-1-1- Paramètres hydro-morphométriques 61

a)	Indices de forme	61
b)	Indices de volume	62
c)	Indices de réseau	70
d)	Indices croisés	73

4-1-2 Paramètres environnementaux **77**
    a) Climat 77
    b) Géologie et pédologie 77
    c) Occupation du sol 79

4-2 Modélisation de l'érosion hydrique au moyen du modèle SIMWE ***84***
    4-2-1 Simulation de l'écoulement de l'eau 84
    4-2-2 Simulation des transports de sédiments 94

4-3 Répartition de l'érosion par unité d'occupation ***105***
4-4 Discussion ***110***
CONCLUSION ***111***
REFERENCES BIBLIOGRAPHIQUES ***113***
LISTE DES TABLEAUX ***126***
LISTE DES FIGURES ***126***
ANNEXES ***128***
  Annexe 1 : Module de simulation de l'écoulement de l'eau 129
  Annexe 2 : Module de simulation du transport de sédiment 132
TABLES DES MATIERES ***135***

Oui, je veux morebooks!

I **want** morebooks!

Buy your books fast and straightforward online - at one of the world's fastest growing online book stores! Environmentally sound due to Print-on-Demand technologies.

Buy your books online at
www.get-morebooks.com

Achetez vos livres en ligne, vite et bien, sur l'une des librairies en ligne les plus performantes au monde!
En protégeant nos ressources et notre environnement grâce à l'impression à la demande.

La librairie en ligne pour acheter plus vite
www.morebooks.fr

SIA OmniScriptum Publishing
Brivibas gatve 1 97
LV-103 9 Riga, Latvia
Telefax: +371 68620455

info@omniscriptum.com
www.omniscriptum.com

Printed by Books on Demand GmbH, Norderstedt / Germany